PSSM: WENN GENE MUSKELN STÖREN

Die Polysaccharid-Speicher-Myopathie verstehen und betroffene Pferde symptomfrei halten

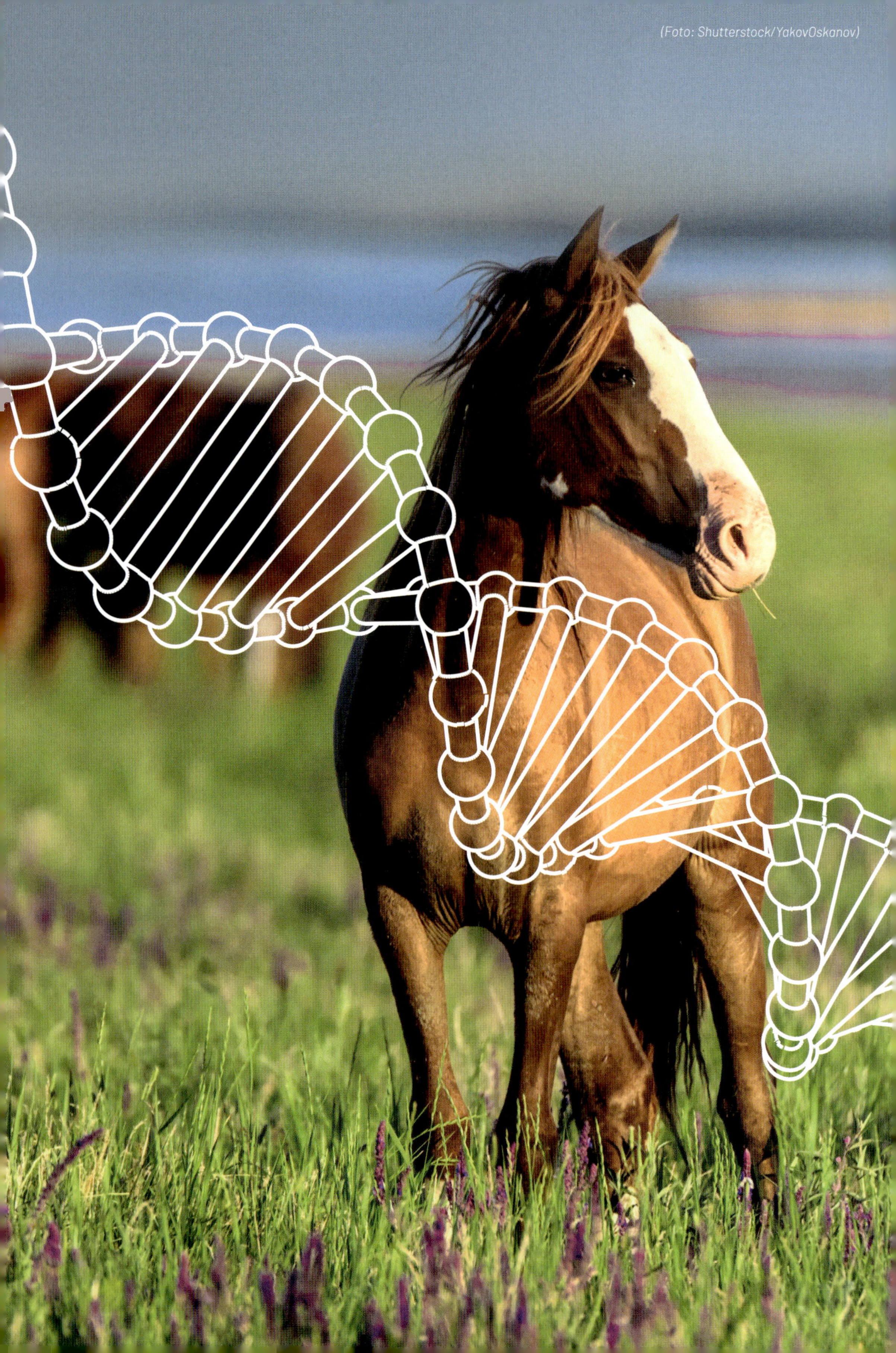
(Foto: Shutterstock/YakovOskanov)

TINA LÖFFLER und LIZA GERBER

PSSM: WENN GENE MUSKELN STÖREN

Die Polysaccharid-Speicher-Myopathie verstehen und betroffene Pferde symptomfrei halten

CADMOS

Haftungsausschluss

Autorinnen und Verlag haben den Inhalt dieses Buches mit großer Sorgfalt und nach bestem Wissen und Gewissen zusammengestellt. Für eventuelle Schäden an Mensch und Tier, die als Folge von Handlungen und/oder gefassten Beschlüssen aufgrund der gegebenen Informationen entstehen, kann dennoch keine Haftung übernommen werden.

Sicherheitstipps

In diesem Buch sind Reiter ohne splittersicheren Kopfschutz abgebildet. Dies ist nicht zur Nachahmung empfohlen. Achten Sie beim Reiten bitte immer auf entsprechende Sicherheitsausrüstung: Reithelm, Reitstiefel/-schuhe, Reithandschuhe und gegebenenfalls eine Sicherheitsweste.

Gender-Erklärung

Aus Gründen der besseren Lesbarkeit verzichten wir im Cadmos-Verlag auf die gleichzeitige Verwendung der Sprachformen männlich, weiblich und divers (m/w/d) und wählen jeweils die männliche oder weibliche Form von personenbezogenen Hauptwörtern. Dies soll jedoch keinesfalls eine Geschlechterdiskriminierung oder eine Verletzung des Gleichheitsgrundsatzes zum Ausdruck bringen. Frauen, Männer und Diverse mögen sich von den Inhalten unserer Publikationen gleichermaßen angesprochen fühlen.

Impressum

CADMOS im CADMOS Verlag

Lektorat: Agnes Trosse

Coverfoto: Shutterstock / Yakov Oskanov

Covergestaltung, grafisches Konzept und Satz: Gerlinde Gröll, www.cadmos.de

Druck: www.graspo.com

Deutsche Nationalbibliothek - CIP-Einheitsaufnahme

Die Deutsche Nationalbibliothek verzeichnet diese Publikation in der Deutschen Nationalbibliografie; detaillierte bibliografische Daten sind im Internet über http://dnb.ddb.de abrufbar.

Printed in EU

ISBN: 9-783-8404-1093-2

INHALT

Vorwort

Erster Teil

Zweiter Teil

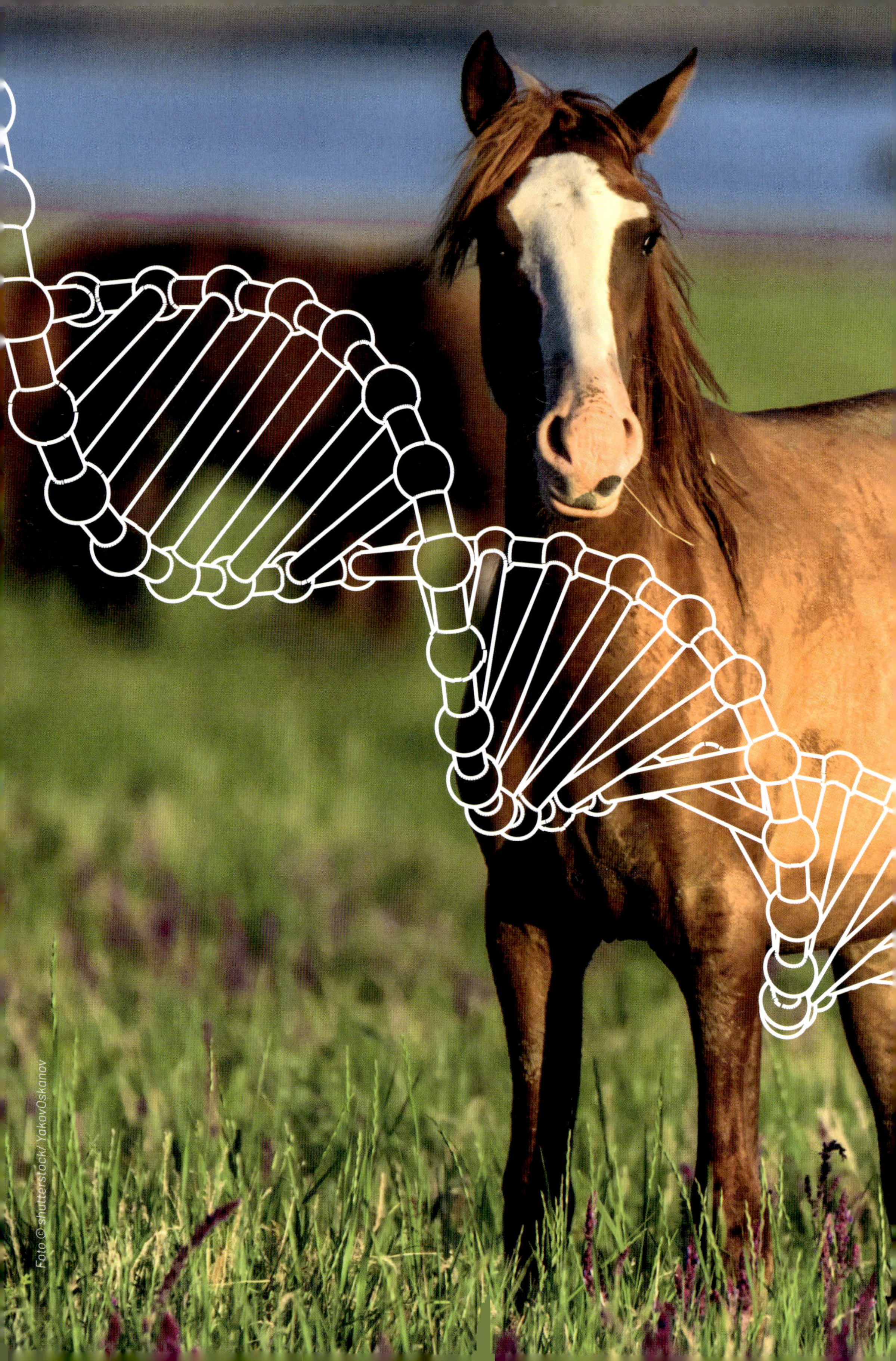

INHALT

Dritter Teil

Vierter Teil

VORWORT

Warum wir dieses Buch schreiben

Die Polysaccharid-Speicher-Myopathie (PSSM Typ 1) rückt immer stärker in den Blickpunkt von Pferdehaltern.

Das Internet ist in diesem Zusammenhang „Fluch und Segen" zugleich. Es ist dazu zwar reich an Informationen, die viele Fragen der besorgten Pferdebesitzer beantworten, gleichzeitig lässt es aber auch neue Fragen entstehen. Und: Nicht alles, was im Internet an Wissen frei verfügbar ist, ist richtig. Natürlich bietet sich hier die hervorragende Möglichkeit, schnell an Informationen zu kommen, Leidensgenossen zu identifizieren, sich über mögliche Behandlungs- und Fütterungsansätze auszutauschen und diese am eigenen Pferd auszuprobieren. Doch gerade ein solches „Ausprobieren" birgt Risiken.

Durch das verstärkte Auftreten von „PSSM2", ein Sammelbegriff für eine Reihe von vererbten Equinen Myopathien, die teils noch erforscht werden müssen, verliert der Halter leicht den Überblick. Erst recht, wenn es dann noch heißt, dass „PSSM2" streng genommen gar keine PSSM ist.

Wir haben es uns seit rund einem Jahrzehnt zur Aufgabe gemacht, darüber aufzuklären, was die PSSM Typ 1 ist und wie Pferde, die eine entsprechende Genmutation in sich tragen, mit dem entsprechenden Haltungs-, Bewegungs- und Fütterungsmanagement ein ganz normales Pferdeleben führen können. Dazu möchten wir nun auch mit diesem Buch beitragen und Haltern von betroffenen Pferden Wissen, Sicherheit und Zuversicht an die Hand geben.

Um immer auf dem neuesten Stand zu bleiben, beobachten wir die Forschungen in den USA und Europa zur PSSM und zu den Equinen Typ-2-Myopathien. Wir beraten Pferdehalter in Deutschland und anderen Ländern Europas, wie sie ihre Pferde ernährungstechnisch am besten auf die jeweilige Genmutation einstellen können. Dieses Wissen möchten wir gerne an so viele Pferdehalter wie möglich weitergeben. Denn ehrlicherweise schadet keinem Pferd eine „PSSM-Diät". Sie kommt den natürlichen Anforderungen der Pferde an Futter und Bewegung am nächsten. Daher schreiben wir dieses Buch nicht nur für Halter von PSSM-Pferden, sondern für alle, die sich mit artgerechter Haltung und Fütterung intensiv auseinandersetzen möchten.

Viel Freude beim Lesen!

Liza Gerber
Tina Löffler

Liza Gerber und Tina Löffler im März 2022

(Foto: Mark Bussmann)

(Foto: Shutterstock / RitaKochmarjova)

ZUM GELEIT

(Foto: Laboklin)

Warum wir von Laboklin dieses Buch so wichtig finden

Ein Buch zum Thema PSSM – darauf haben Besitzer betroffener Pferde schon lange gewartet.

Die Diagnose PSSM ist für viele Pferdebesitzer erst einmal ein Schock. Was ist PSSM überhaupt? Wie gehe ich damit um? Ist mein Pferd noch reitbar? Was kann ich tun, um Symptome zu mildern, einen Schub abzuschwächen oder gar zu verhindern? Wer hilft mir weiter?

Seit 2012 bieten wir bei uns im Labor den Gentest auf „PSSM Typ 1" bzw. genauer gesagt auf das Vorliegen der GYS1-R309H-Genvariante an. Zu Beginn wurde dieser vor allem für Westernpferderassen stark nachgefragt. Mittlerweile ist bekannt, dass diese Genvariante in sehr vielen Pferderassen vorkommt. Neben den Quarter Horses, Paint Horses und Appaloosas findet man die Genvariante auch in verschiedenen Kaltblutpferderassen und in nicht so weit verbreiteten Rassen wie dem Dülmener Wildpferd oder dem Camargue-Pferd sowie vielen weiteren.

Angefordert wird der Gentest auf der einen Seite von verantwortungsvollen Züchtern, die basierend auf den Ergebnissen Zuchtentscheidungen treffen. Auf der anderen Seite wird dieser aber auch von Tierhaltern oder Tierärzten in Auftrag gegeben, die ein Tier besitzen bzw. betreuen, das Symptome wie Kreuzverschlag, Bewegungsunlust, Muskelzittern, Steifheit, Schwitzen, wechselnde Lahmheiten, Ausstrecken der Hinterbeine und andere zeigt. Hier wird der Gentest zur Abklärung einer Verdachtsdiagnose herangezogen.

Verschiedene Faktoren wie Haltung, Bewegung und Fütterung der Pferde können präventiv, bzw. um Symptome abzumildern, angepasst werden. In diesem Buch beschreiben die beiden Autorinnen für jedermann verständlich die Grundlagen zum Thema PSSM und die Stellschrauben, an denen man drehen kann, wenn man ein PSSM-betroffenes Pferd besitzt.

Auch wenn jeder Fall selbstverständlich individuell zu betrachten ist und auch wenn oder gerade weil dieses Buch nicht den Anspruch erhebt, eine vollständige, komplexe wissenschaftliche Abhandlung zu sein, ist es eine Bereicherung für von PSSM betroffene Pferde und deren Besitzer.

Stefanie Müller-Herbst

Dr. rer. nat. Stefanie Müller-Herbst
Laboklin – Labor für Klinische Diagnostik GmbH & Co. KG

ERSTER TEIL

Grundlagen

Die Entwicklung des modernen Pferdes

Einige der häufigsten in Internetforen und -gruppen gestellten Fragen sind: „Was füttert ihr euren Pferden?“ Und: „Ich suche ein Kraftfutter für mein Pferd. Was könnt ihr mir empfehlen?“ Eine weiterhin gern gestellte Frage ist: „Mein Pferd benötigt mehr Energie. Was kann ich ihm füttern?“ Bei all diesen Fragen geht es allerdings nur um das „Was?“. Bevor wir uns der Frage „Was wird gefüttert?“ zuwenden, müssen wir uns erst einmal mit „Wer wird eigentlich gefüttert?“ beschäftigen. Und zwar unabhängig davon, ob das Pferd eine genetisch bedingte Myopathie hat oder scheinbar gesund ist. Dazu müssen wir zwei grundlegende Dinge verstehen: Wo kommen unsere heutigen Pferde her und wie funktioniert die Verdauungsanatomie, -physiologie und Nahrungsaufnahme? So startet auch dieses Buch – wie so viele, die sich mit der Ernährung von Pferden beschäftigen – mit der Entwicklungsgeschichte der Pferde.

Diese begann vor etwa 50 bis 60 Millionen Jahren. Damals lebte ein etwa fuchsgroßes Säugetier in riesigen, tropischen Regenwäldern der alten und neuen Welt: das Hyracotherium, besser unter der früheren Bezeichnung Eohippus bekannt. Auf seinem Speiseplan standen vorwiegend Laub, Früchte und Samen, wie historische Funde zeigen. Bei der heutigen Größe unserer Pferde kaum vorstellbar, entstand aus diesem fuchsgroßen Mehrzeher vor rund drei Millionen Jahren das Equus ferus, das Wildpferd, und damit der direkte Vorläufer unserer Hauspferde, dem Equus caballus. Während das

Das Hyracotherium lebte im Eozän verteilt über Europa, Asien und Nordamerika.
(Foto: Shutterstock / Daniel Eskridge)

Hyracotherium noch mit vier- bzw. dreistrahligen Füßen unterwegs war, vollzog sich im Laufe von Millionen Jahren die Entwicklung zum immer größer werdenden Einhufer – vom Regenwaldbewohner hin zum typischen Fluchttier für offene Steppenlandschaften. Der Speiseplan erweiterte sich um das, was in den Steppen und Tundren zu finden war: pflanzliche Fasern, wie beispielsweise Gräser, Flechten, Zweige und Blätter. Zugang zu großen, üppigen und saftigen Hochleistungsgräsern hatten diese Pferde nie. Auch zu Beginn der Domestikation hat sich zunächst wenig am Futterangebot geändert. Erst die intensivere Nutzung der Pferde als Lasten-, Zug- und Reittiere änderte das. Sukzessive wurde der Speiseplan um verschiedene Getreidekörner, Hülsenfrüchte und Saftfuttermittel erweitert und es wurde experimentiert, wie sich größere Mengen an verschiedenen Futtermitteln platzsparend zusammenpressen lassen, um Pferde auch unterwegs ausreichend zu versorgen. Die ersten Mischfuttermittel waren geboren und wurden zunehmend kommerzialisiert bis zum heutigen Höhepunkt – dem kaum zu überschauenden Markt an verschiedenen Futtermitteln, die den Pferdehaltern suggerieren sollen, Gesundheit und Leistung ließe sich aus „bunten Säcken" füttern.

Doch warum sollten sich Pferdehalter heute für die Entwicklungsgeschichte des Pferdes interessieren? Würden wir eine Zeitreise zurück ins Mittelalter machen, wäre schnell klar, wie sehr der Mensch auf das Pferd angewiesen war. Dieser Zeit kann vermutlich die Genmutation, die der PSSM zugrunde liegt, zugeordnet werden. Sollte dies der Fall sein, waren Pferde fortan dank dieser Mutation in der Lage, mit minimaler Nahrungszufuhr große Leistungen zu erbringen. Vererbte nützliche Mutationen erhöhen die Chance, dass sich ein Lebewesen optimaler anpassen und so in seiner natürlichen Umgebung besser überleben kann. Darauf wollen wir in den verschiedenen Kapiteln und Abschnitten noch eingehen.

Welchen Einfluss hat das auf die heutige Fütterungspraxis? Ganz einfach: Vieles hat heute noch Bestand.

Im Laufe von Millionen Jahren hat sich das Pferd nicht nur körperlich an neue Geländesituationen angepasst. Auch der Verdauungsapparat hat sich entsprechend der möglichen Nahrungsaufnahme entwickelt, was im Umkehrschluss bedeutet, dass in Jahrmillionen entstandene anatomische, biomechanische und ernährungsphysiologische Grundkonzepte auch heute noch Bestand haben. Pferde sind von jeher Lauftiere, die den größten Teil des Tages mit Futtersuche verbracht und, über den Tag verteilt, viele kleine Portionen faserreicher Futtermittel zu sich genommen haben. Was sich aber in den letzten Jahrzehnten dramatisch verändert hat, insbesondere seitdem Pferde immer weniger als Arbeitstiere eingesetzt und vorwiegend als Sport- und Freizeitpartner gehalten werden, sind die Haltungs-, Bewegungs- und Fütterungsbedingungen.

Trotz meist verbesserter Haltungsformen bewegen sich viele Pferde deutlich weniger, werden aber vergleichsweise üppig gefüttert, und das leider oftmals mit zu wenig oder ungeeignetem Raufutter bei gleichzeitig reichlich Kraftfuttergaben. Während die ursprüngliche Futteraufnahme kontinuierlich, energiearm und faserreich war, beschränkt die heutige Ration oft leider die Futteraufnahmedauer, ist zu energiereich, zu wenig rohfaserbetont und oftmals auch hygienisch kritisch. Mangelnde Bewegung bei gleichzeitiger Überversorgung mit Energie führt zwangsläufig immer zu Wohlstandserkrankungen. Egal, ob eine Genmutation zugrunde liegt oder nicht.

Der Verdauungsapparat des Pferdes

Pferde sind Fermentationsverdauer. Das bedeutet, sie gewinnen den Großteil der Energie aus der mikrobiellen Verdauung von Fasern. Damit das gelingt, müssen diese sorgsam aufbereitet werden. Die Verdauung beginnt deshalb bereits dort, wo das Pferd erstmals mit der Nahrung in Berührung kommt: bei den Lippen und Zähnen und nicht erst in den tieferen Darmabschnitten. Das Verdauungssystem funktioniert wie ein großes Unternehmen. Jede Abteilung nimmt andere Aufgaben wahr – genauso wie jeder Verdauungsabschnitt auch.

Lippen, Zunge, Zähne, Maulhöhle und Rachen zählen zum sogenannten Kopfdarm. Dort findet die mechanische Verdauung statt. Das Futter wird in der Maulhöhle mithilfe der Backenzähne zermahlen, stark zerkleinert und zu Futterbällen geformt, die etwa alle 30 Sekunden abgeschluckt werden. Während dieses Vorgangs wird das Futter zudem eingespeichelt. Anders als beispielsweise bei Menschen oder Hunden, bei denen die Speichelproduktion bereits beim Anblick oder Geruch leckerer Speisen einsetzt, ist das beim Pferd ein rein mechanischer Prozess. Die Menge des Speichelflusses wird dabei an die Struktur des aufgenommenen Futters und die benötigte Kauzeit angepasst. Für ein Kilogramm Heu benötigen Pferde im Schnitt 40 Minuten, für ein Kilogramm Kraftfutter im Schnitt nur zehn Minuten. Pro Minute Kauzeit produzieren Großpferde ca. 40 bis 90 Milliliter Speichel, Kleinpferde ca. 20 bis 60 Milliliter. Je länger ein Futtermittel also gekaut werden muss, desto mehr Speichel wird von den Speicheldrüsen produziert. Das ist insofern sehr wichtig, da der Speichel unter anderem größere Mengen an Bikarbonat enthält, das zum Abpuffern der Magensäure dient. Je länger das Pferd ein Futtermittel also kauen muss, desto gründlicher wird es eingespeichelt und umso besser kann die Magensäure neutralisiert werden. Damit dieser Vorgang reibungslos funktioniert, müssen folgende zwei Voraussetzungen erfüllt sein:

- Ein intaktes Gebiss ist eine wesentliche Voraussetzung für eine gut funktionierende Verdauung, weshalb das Pferd regelmäßig einem Pferdedentisten vorgestellt werden sollte. Denn ohne einen gesunden Kauapparat sind Futteraufnahme und Verdauung nachhaltig gestört.
- Ausreichend und qualitativ hochwertiges Raufutter muss die Basis jeglicher Fütterung sein. Idealerweise sollten Pferde ihren Energiebedarf im Erhaltungsstoffwechsel ausschließlich über Raufutter decken.

Ein ca. eineinhalb Meter langer Muskelschlauch verbindet den Kopfdarm mit dem Magen: die Speiseröhre. Über diese wird die Nahrung zum Magen transportiert. Dieser Abschnitt wird innerhalb weniger Sekunden passiert. Allerdings verhindert ein Schließmuskel am Mageneingang, dass die Nahrung durchfließt. Ca. alle 30 Sekunden werden die abgeschluckten Futterbollen in den Magen weitertransportiert.

Pferde besitzen, genau wie wir, einen einhöhligen Magen. Im Unterschied zum menschlichen Magen, der komplett mit drüsenhaltiger Schleimhaut ausgekleidet ist, besteht der Magen beim Pferd vorne aus dem drüsenlosen Blindsack und einem drüsenhaltigen hinteren Magenabschnitt. Die unterschiedlichen Abschnitte haben unterschiedliche Funktionen. Im Blindsack findet bereits eine bakterielle Vorverdauung leicht verfügbarer Kohlenhydrate, Fette und Proteine statt. Durch das im Speichel enthaltene Bikarbonat ist der pH-Wert in diesem Bereich des Magens höher.

Im drüsenhaltigen Bereich des Magens wird Magensaft produziert, der zum einen Salzsäure und zum anderen das eiweißspaltende Enzym Pepsin enthält. Die Salzsäure dient dazu, Keime abzutöten, und verhindert eine weitere bakterielle Gärung im Magen. Anders als bei uns Menschen wird die Magensäure beim Pferd rund um die Uhr gebildet. Eine kluge Einrichtung der Natur, da Pferde eigentlich Dauerfresser sind. Der pH-Wert ist in diesem Bereich des Magens deutlich niedriger, nämlich im sauren Bereich. Zu viel Magensäure schädigt die empfindliche Magenschleimhaut. Zu wenig Magensäure führt zu bakteriellen Fehlbesiedlungen des Darms, weil Schadkeime nicht ausreichend unschädlich gemacht werden können.

Der Magen des Pferdes ist relativ klein und hat „nur" ein Fassungsvermögen von rund 15 bis 20 Litern. Das macht ihn besonders störanfällig für schnell konsumierbares Futter, wie beispielsweise Kraftfutter. So erklärt sich, warum Pferde statt weniger großer Portionen mehrere kleine Portionen über den Tag verteilt fressen sollten und warum eine Kraftfuttergabe immer erst nach einer Heufütterung erfolgen sollte. Nach ein bis fünf Stunden wird der gut durchmischte Speisebrei portionsweise in den Dünndarm weitergeschoben.

Mit einer Gesamtlänge von ungefähr 20 bis 30 Metern, je nach Pferdegröße und Rasse, macht der Dünndarm den längsten Abschnitt des Verdauungstraktes aus. Umso überraschender ist, dass hier der Nahrungsbrei am kürzesten verweilt. Bereits nach ca. 1,5 Stunden ist die Dünndarmpassage absolviert und der Futterbrei wird zum Dickdarm weitergeschoben. Während die Verweildauer des Speisebreis im Magen und im Dickdarm von der Art der Futtermittel abhängig ist, macht der Dünndarm keinen Unterschied zwischen Raufutter und Kraftfutter.

Der Dünndarm besteht aus mehreren Abschnitten. An den Magen schließt sich der Zwölffingerdarm an. In diesen münden zudem der Hauptausführungsgang der Bauchspeicheldrüse sowie der Gallengang. Danach folgen Leerdarm und Hüftdarm.

Im Dünndarm findet vorrangig eine enzymatische Verdauung statt. Durch die in der Bauchspeicheldrüse produzierten Verdauungsenzyme Amylase für die Verdauung der Kohlenhydrate (Stärke), Trypsin für die Zerlegung der Eiweiße und Lipase für die Aufspaltung der Fette werden diese Rationsbestandteile in Aminosäuren, Glukose und Fettsäuren umgewandelt und über die Darmschleimhaut in den Blutkreislauf abgegeben. Einfachzucker, wie Fruktose und Glukose, wird direkt resorbiert, also ohne Zugabe von Verdauungsenzymen. Bei Pferden mit PSSM, die an einer erblich bedingten Störung des Zuckerstoffwechsels leiden, ist das noch einmal besonders zu berücksichtigen und wird ausführlich im Kapitel „Stoffwechsel" erläutert. Im Dünndarm werden zudem die Mengen- und Spurenelemente sowie Vitamine aus den Rationsbestandteilen herausgelöst und dem Organismus zur Verfügung gestellt. Die Galle, die in der Leber produziert wird, trägt durch ihre enthaltenen Mineralstoffe und Bikarbonat zu einer Neutralisierung des sauren Mageninhalts und damit zu einer Anhebung des pH-Werts im Dünndarm bei, was den Verdauungsenzymen wiederum zugutekommt. Die Gallensäuren, ein Bestandteil der Galle, unterstützen zudem die Fettverdauung.

Den Abschluss des Verdauungstraktes bildet der Dickdarm mit seinen Anteilen Blinddarm, großer und kleiner Grimmdarm und Mastdarm. Hier findet eine ausschließlich mikrobielle Verdauung statt. Der Dickdarm des Pferdes ist rund acht Meter lang. Die Dauer der Nahrungspassage liegt je nach Futtermittel zwischen 30 und 46 Stunden. Eine lange Zeit, die vor allem dem Umstand geschuldet ist, dass im Dickdarm nun alles verarbeitet wird, was in den vorderen Verdauungsabschnitten nicht ab- und umgebaut werden konnte. In erster Linie ist das Rohfaser, also Kohlenhydrate aus Pflanzenfasern. Hierunter fallen Zellulose, Hemizellulosen und Lignin. Lignin ist übrigens auch für das Pferd sehr schwer verdaulich bzw. nahezu unverdaulich.

Mithilfe von Milliarden kleiner Verdauungshelfer, den Darmbakterien, werden in Blinddarm und Grimmdarm aus dem bereits enzymatisch verdauten Futterbrei vor allem flüchtige Fettsäuren, die zur kontinuierlichen Energiegewinnung zur Verfügung gestellt werden, und die B-Vitamine sowie Vitamin K produziert. Diese langsame und kontinuierliche Energiegewinnung spielt vor allem für Pferde mit PSSM eine große Rolle. Denn je komplexer die Kohlenhydrate strukturiert sind, desto länger dauert der Anstieg des Glukosespiegels im Blut und damit auch die Antwort der Bauchspeicheldrüse mit der Ausschüttung von Insulin. Je einfacher Kohlenhydrate strukturiert sind, desto eher werden sie im Dünndarm aufgenommen und desto schneller und intensiver erfolgt die Insulinantwort, die bei Pferden mit PSSM sowieso erhöht ausfällt, wie wir im Verlauf des Buches noch erklären werden.

Der Futterbrei, der vom Dünndarm in den Dickdarm weitergeschoben wird, ist übrigens sehr wasserreich. In den beiden letzten Dickdarmabschnitten wird dem verbleibenden Darminhalt Wasser entzogen und der „Verdauungsrückstand" in die typische Form des Pferdeapfels gepresst, der dann schlussendlich nach insgesamt 36 bis 50 Stunden Darmpassage ausgeschieden wird.

Die Kotbollen verraten übrigens auch eine ganze Menge über die Gesundheit des Pferdes. Pferdeäpfel sollten grünlich braun gefärbt sein und leicht feucht glänzen. Bei Aufnahme von viel frischem Weidegras oder auch zu kurzem Gras ändert sich die Farbe in Grasgrün. Dies ist dem Umstand geschuldet, dass die Verweildauer im Darm kürzer ist als bei faserreichem Futter. Die Zufütterung von Heu kann für ein besseres Gleichgewicht sorgen. Eher gelblich erscheinende Pferdeäpfel sind ein Hinweis auf

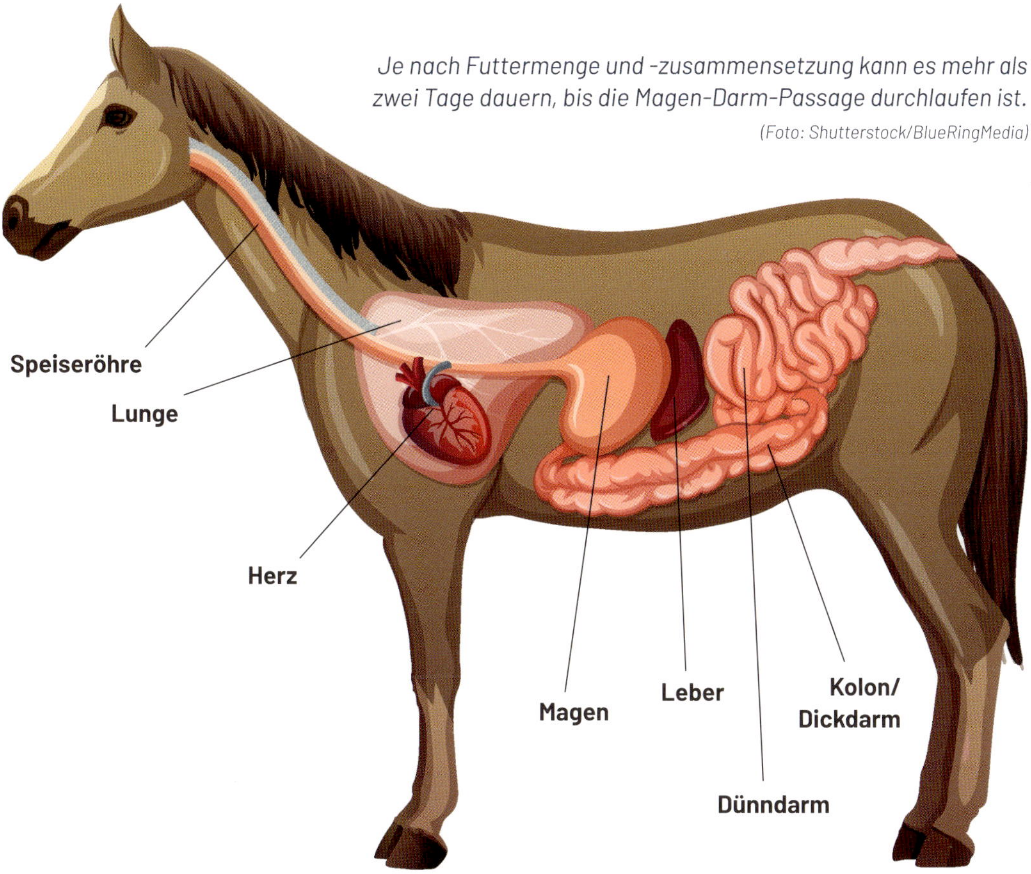

Je nach Futtermenge und -zusammensetzung kann es mehr als zwei Tage dauern, bis die Magen-Darm-Passage durchlaufen ist.

(Foto: Shutterstock/BlueRingMedia)

zu viel Kraftfutter oder zu viel Strohaufnahme. Dunkelbraune und eher trockene Kotbollen geben einen Hinweis auf eine verlängerte Darmpassage. Dünnbreiiger Kot spricht für eine zu kurze Darmpassage mit unzureichendem Wasserentzug. Nicht nur die Farbe und die Konsistenz, auch die Faserlänge in den Kotbollen liefert wichtige Hinweise auf die Verdauung. Finden sich beispielsweise größere Mengen grober Partikel, also Fasern, die länger als vier bis fünf Millimeter sind, wurde das Raufutter unzureichend zerkleinert, was für eine Problematik im Kopfdarm spricht. Auch der pH-Wert kann zur Beurteilung von Störungen im Verdauungstrakt herangezogen werden. Dazu werden Messstreifen aus der Apotheke verwendet, die in einen frischen Kotbollen gehalten werden. Ist der Bollen nicht feucht genug, kann dieser im Verhältnis 1:1 mit destilliertem Wasser verdünnt und der Teststreifen in diese Lösung gehalten werden. Der Normwert liegt zwischen 6,4 und 6,9. Werte darunter zeigen eine Übersäuerung an. Werte darüber eine Verschiebung in den basischen Bereich und damit eine vermehrte Fäulnis.

Der Stoffwechsel – lebenswichtige Grundlage

Jedes Lebewesen – sogar Pflanzen, Algen und Bakterien – hat ihn und ohne ihn ist kein Leben möglich. Gemeint ist der Metabolismus oder auch Stoffwechsel. Jegliche Umwandlung von Stoffen, also Aufbau, Abbau und Umbau zur Energiegewinnung und Erhaltung der Körpersubstanz wie Atmen oder Verdauen – all das ist der Stoffwechsel. Ein näherer Blick lohnt, denn wo immer wir über einen gestörten Stoffwechsel sprechen, sollte ein Grundverständnis der Vorgänge an sich vorhanden sein *(siehe Grafik rechts).*

Da nahezu jedes Futtermittel verschiedene Makro- und Mikronährstoffe in Form von Kohlenhydraten, Eiweißen, Fetten/Ölen, Mineralstoffen und Vitaminen liefert, laufen verschiedene Stoffwechselprozesse ab.

DER PROTEINSTOFFWECHSEL

Im Rahmen des Proteinstoffwechsels werden die mit der Nahrung zugeführten Eiweiße mithilfe von speziellen Verdauungsenzymen in die einzelnen Aminosäuren aufgespalten und über die Blutbahn zu den Zellen transportiert. Je nach Funktion, die das Eiweiß im Organismus hat, wird es unterschiedlich zusammengesetzt. Eiweiße sind an allen Körperfunktionen und Strukturen beteiligt. Als strukturgebende Proteine sind sie Bestandteil von Muskeln, Faszien, Bindegewebe, Fell, Hufen, Deckhaar u. v. m. Als kontraktile Eiweiße wie Aktin und Myosin sind sie an der Muskelkontraktion und damit an der Bewegung beteiligt. Als Enzyme und Hormone spielen sie für die biochemischen Abläufe im Organismus eine zentrale Rolle. Sie agieren als Transportproteine und überführen so andere Stoffe zu den Zellen. Als Plasmaproteine nehmen sie einen großen Stellenwert in der Immunabwehr und der Blutgerinnung ein. Auch entsteht Energie. Kurzum, sie sind für alles verantwortlich, was den Organismus in Gang hält. Eiweiße werden ständig neu gebildet. Beim Abbau entstehen Kohlenstoffdioxid, Wasser und Ammoniak. Ammoniak ist das giftige Abbauprodukt des Proteinstoffwechsels, der an Harnstoff gebunden über den Urin ausgeschieden wird.

Metabolismus 365/24/7

Abbauender Stoffwechsel: Abbau und Spaltung der mit der Nahrung zugeführten komplexen Stoffe in einfache Grundbausteine, die die Energie und die Baustoffe für den aufbauenden Stoffwechsel liefern

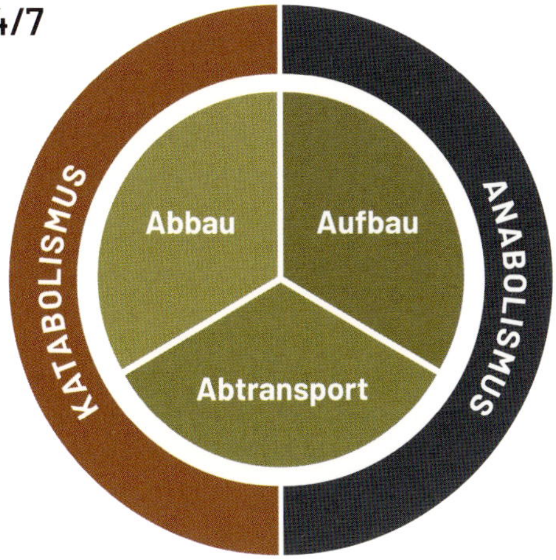

Aufbauender Stoffwechsel: Aufbau/Zusammensetzung komplexer, körpereigener Moleküle aus den vom Katabolismus bereitgestellten Grundbausteinen als Basis für Wachstum und Erhalt der körpereigenen Prozesse

Abtransport: Entsorgung und Ausscheidung von Stoffwechselendprodukten

Katabole und anabole Reaktionen laufen nacheinander ab und sind untrennbar miteinander verbunden. Geregelt über Hormone und Enzyme, wird der jeweils benötigte Stoffwechsel weg vom Körper „aktiviert". (Grafik: Tina Löffler)

Der Harnstoffgehalt im Dünndarm entspricht dem im Blutplasma, weshalb dieser Wert im Blut gewisse Rückschlüsse über mögliche Defizite in der Proteinversorgung bzw. -verwertung zulässt.

DER FETTSTOFFWECHSEL

Auch aufgenommene Fette haben anfangs einen komplexen Aufbau, der aufgespaltet werden muss, um dem Körper optimal zur Verfügung zu stehen. Die zugeführten Nahrungsfette werden in Glycerin und einfache Fettsäuren umgebaut, die dann dem Organismus als Energielieferant (Adenosintriphosphat, kurz ATP) und Energiespeicher zur Verfügung stehen. Fettsäuren sind auch an der Bildung von Hormonen und Enzymen beteiligt. Sie agieren als Boten- und Signalstoffe. Fett ist also viel mehr als das, was auf der Hüfte zu sehen ist.

DER KOHLENHYDRATSTOFFWECHSEL

Besondere Aufmerksamkeit wird, gerade in Bezug auf die PSSM, dem Kohlenhydratstoffwechsel zuteil. Kohlenhydrate bestehen aus einzelnen Zuckermolekülen und werden je nach Menge verknüpfter Glukosemoleküle als Mono-, Di- oder Polysaccharide bezeichnet. Egal, wie komplex sie anfangs aufgebaut waren, mithilfe von Verdauungsenzymen werden sie zu Glukose, der einfachsten Zuckerverbindung, oder anderen einfachen Kohlenstoffverbindungen aufgespalten und dem Organismus als Energiequelle bereitgestellt. Je komplexer ein Kohlenhydrat aufgebaut ist, umso länger dauert die Aufspaltung.

Verschieden komplexe Kohlenhydrate

Monosaccharide (Einfachzucker)	z. B.: **Glukose** (Traubenzucker), **Fruktose** (Fruchtzucker)
Disaccharide (Zweifachzucker)	z. B.: **Saccharose** (Rohr- und Rübenzucker)
Polysaccharide (Mehrfachzucker)	z. B.: **Stärke** **Zellulose** (Gerüstsubstanz von Pflanzen) **Hemizellulose** (Gerüstsubstanz von Pflanzen) **Glykogen** (Speicherzucker)

Glukose ist unentbehrlich für die Energieversorgung der Zellen. Dorthin gelangt sie über die Blutbahnen.

Der Organismus ist bestrebt, den Glukosespiegel relativ konstant zu halten. Das passiert durch die Hormone Insulin und Glukagon. Wird also Glukose in die Blutbahn abgegeben, reagiert die Bauchspeicheldrüse mit der Ausschüttung von Insulin, um die Glukose zu den Zellen zu transportieren. Dieses Hormon, das streng genommen auch ein Protein ist, gibt dazu den Startbefehl. Dadurch sinkt der Blutzuckerspiegel wieder. Die Glukose kann dabei als sofort verfügbare Energie genutzt oder als Speicherzucker in Leber und Muskulatur eingelagert werden. Zentrales Regulationsorgan ist dabei die Leber. Dieser Speicherzucker heißt Glykogen und ist ebenfalls ein Polysaccharid.

Sinkt der Blutzuckerspiegel wieder, schüttet die Bauchspeicheldrüse das Hormon Glukagon aus und fordert damit die eingelagerten Reserven an. Glukagon sorgt dafür, dass die Glykose-Moleküle schrittweise wieder voneinander getrennt und zurück zu nutzbarer Glukose aufgespalten werden. So weit, so gut, wäre da nicht die PSSM ...

Zusammenfassend lässt sich sagen, dass Eiweiße vorwiegend als Bau- und Botenstoffe genutzt werden, während Fette und Kohlen-

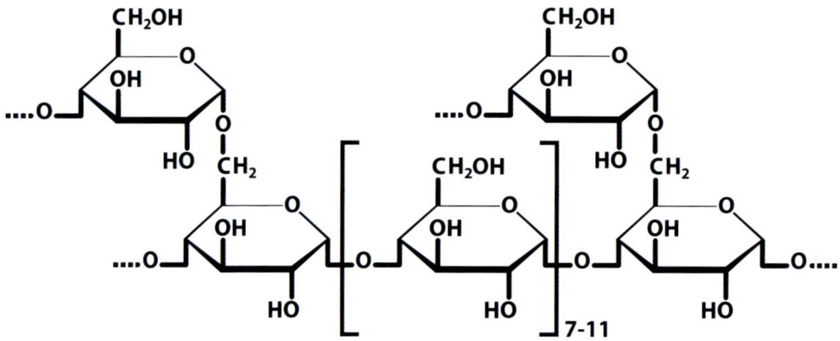

Ein Polysaccharid, reine Speicherform, bestehend aus vielen einzelnen Glukose-Einheiten, die in mehreren Syntheseschritten aneinandergereiht und verzweigt angeordnet werden.

(Grafik: Shutterstock/KRPD)

hydrate vorwiegend der Energiebereitstellung dienen.

Eng verbunden mit dem Kohlenhydratstoffwechsel ist auch die Versorgung der Muskulatur mit Energie. Eine zentrale Rolle dabei spielt das bereits genannte ATP. Es ist sozusagen der Brennstoff der Zellen und muss permanent neu gebildet werden, da der Körper nur wenig davon gespeichert hat. Nötig für die Neubildung von ausreichend ATP ist zu einem geringen Anteil Fett und Protein, vor allem aber Sauerstoff und Glukose. Diese wiederum wird gewonnen durch Rückbau aus Glykogen, welches die Muskulatur gespeichert hat.

Wenn die PSSM ins Spiel kommt

Da bei PSSM Typ 1 mit der Glykogensynthese ein Teil des komplexen Kohlenhydratstoffwechsels teilweise verändert abläuft, wollen wir noch ein wenig genauer hinschauen.

Muskelzellen benötigen für ihre Arbeit viel Energie in Form von ATP. Ist ausreichend Glukose für die Energieversorgung der Zelle vorhanden, so wird die überschüssige Glukose in den Speicherstoff Glykogen umgewandelt. Glykogen kann bei Energiebedarf wieder zu Glukose abgebaut werden.

Am Aufbau von Glykogen aus Glukose ist unter anderem die Glykogensynthase beteiligt. Dieses Schlüsselenzym wird im Wesentlichen durch zwei Gene codiert: GYS1 und GYS2. Das Gen GYS1 codiert dabei die Muskel-Glykogensynthase, das Gen GYS2 die Leber-Glykogensynthase. Bei PSSM Typ 1 ist das Gen GYS1 mutiert.

Das mutierte Gen sorgt dafür, dass die Muskel-Glykogensynthase quasi überaktiv ist. Schon bei einer geringeren Glukosekonzentration als normal fangen die Muskelzellen von Pferden mit der GYS1-Mutation an, Glykogen zu synthetisieren, da die veränderte Glykogensynthase das Substrat Glukose viel besser binden kann als die wildtypische Glykogensynthase. Darauf lässt sich vermutlich auch die erhöhte Sensitivität der Muskelzellen mit der GYS1-Mutante auf Insulin erklären. Schon bei einer niedrigeren Konzentration Insulin liegt in der Muskelzelle ausreichend Glukose vor, um von der Glykogensynthase in Glykogen umgewandelt zu werden. Dadurch sinkt die Konzentration an freier Glukose in der Zelle, sodass wieder Nachschub aus dem Blut aufgenommen werden kann. Die Menge an Glykogen, die in die Muskelzelle eingelagert wird, ist durch die überaktive Glykogensynthase im Vergleich zur normalen Muskelzelle erhöht. Weiters werden abnormale Polysaccharide gebildet, die später schwer abbaubar sind. Dies liefert auch die Erklärung für die klinischen Symptome der PSSM, woraus sich wiederum ergibt, warum diese Pferde nicht mit schnell verfügbaren Kohlenhydraten gefüttert werden sollten.

Wie genau die Glykogeneinschlusskörperchen und die Einlagerungen der anomalen Polysaccharide die Symptome der PSSM auslösen, ist im Detail noch nicht geklärt. Neben einer mechanischen Schädigung der Muskelzellen wurde auch ein Energie-Ungleichgewicht in den Zellen als mögliche Ursache diskutiert. Auch eine leicht (wenn auch nicht signifikant) erhöhte Laktatkonzentration in den Muskelzellen könnte an deren Schädigung beteiligt sein. Weiterhin wurde festgestellt, dass die exzessive Einlagerung von Glykogen und abnormalen Polysacchariden eine verminderte Anzahl von Mitochondrien in den

Zellen zur Folge haben. Die Mitochondrien sind essenziell für die Zellatmung, bei der aus Glukose eine große Menge Energie in Form von ATP entsteht. Darauf gehen wir im zweiten Teil des Buches und insbesondere im Abschnitt zum „Notfall Schub" detailliert ein.

PSSM IST NICHT EMS

Manchmal wird die Polysaccharid-Speicher-Myopathie (PSSM) mit dem Equinen Metabolischen Syndrom (EMS) verwechselt. An dieser Stelle ist eine Differenzierung nötig.

EMS ist eine Stoffwechselstörung, die mit Adipositas, den typischen lokalen Fetteinlagerungen, und einer Insulinresistenz einhergeht. Die Insulinresistenz (IR) führt dazu, dass der Stoffwechsel nicht wie gewünscht auf die Blutzuckerregulation durch Insulin und Glukagon reagiert. Ein Teufelskreis entsteht, da die Zellen immer unempfindlicher gegenüber Insulin werden, was dazu führt, dass die Aufnahme der Glukose in die Zellen immer weniger funktioniert. Der Blutzuckergehalt bleibt hoch, die Bauchspeicheldrüse produziert mehr Insulin, die Glukose verbleibt im Blut und ist nicht für die Zellen verfügbar. Aufgrund dessen kann es zu schweren Folgeerscheinungen wie beispielsweise Hufrehe kommen.

Bei der PSSM ist es genau andersrum. Die Zellen sind sehr sensitiv gegenüber Insulin, was dazu führt, dass mehr Speicherzucker in der Muskulatur eingebaut wird. Wer nun glaubt, dass Pferde mit PSSM immer mager sein müssten, weil Pferde mit EMS in der Regel adipös sind, irrt. Auch Pferde mit einer GYS1-Mutation können an EMS erkranken, wenn die Zufuhr den Bedarf an Nährstoffen regelmäßig übersteigt.

Um noch einmal auf die Eingangsfragen zurückzukommen – „Was füttert ihr euren Pferden?", „Ich suche ein Kraftfutter für mein Pferd. Was könnt ihr empfehlen?" oder „Mein Pferd benötigt mehr Energie. Was kann ich ihm füttern?": Jedes Lebewesen produziert die Energie- und Baustoffe aus der zugeführten Nahrung selbst. Entscheidend dabei ist, dass die zugeführten Nährstoffe zur jeweiligen Spezies passen. Je weniger artgerecht die Nahrung ist, desto mehr hat der Organismus mit Entgiftung und Abtransport zu tun – Stoffwechselüberlastungen drohen. Das gilt für jedes Pferd. Aber Pferde, die die GYS1-Mutation in sich tragen, sind weniger tolerant gegenüber Fütterungsfehlern. Nährstoffzufuhr und Verbrauch sollten sich immer die Waage halten. Täglich.

Muskulatur – Voraussetzung für körperliche Aktivität

Da die PSSM eine Erkrankung der Muskulatur ist, möchten wir diese auch im Sinne der grundlegenden Informationen besprechen. So wird klarer, wie sich die Genmutation auswirkt und warum möglicherweise manche Pferde weniger symptomatisch werden als andere.

Pferde haben mehr als 500 Muskeln, die dafür sorgen, dass die Tiere sich fortbewegen, einen Reiter tragen, dass sie atmen, trinken, fressen, Fliegen verjagen, dass ihre Organe funktionieren und auch, dass sie das Gesicht verziehen können, um beispielsweise über diese Mimik zu kommunizieren. Grundsätzlich wird die Muskulatur in glatte und quergestreifte Muskulatur unterteilt. Bei der quergestreiften Muskulatur wird noch einmal zwischen Herzmuskulatur und Skelettmuskulatur unterschieden. Während die Kontraktion der glatten Muskulatur und die der Herzmuskulatur nicht durch den Willen beeinflusst werden kann, wird die Skelettmuskulatur bewusst kontrolliert. Sie kann sich aber auch reflexartig, also unwillkürlich, zusammenziehen. Bindegewebige Hüllen, die sogenannten Faszien, umgeben die Muskeln. Gerade in Bezug auf die PSSM und generell bei allen Equinen Myopathien ist die Skelettmuskulatur von besonderem Interesse.

DER AUFBAU UND DIE FUNKTION VON MUSKELN

Muskeln arbeiten niemals allein. Mindestens zwei Muskeln müssen miteinander harmonieren und interagieren. Immer, wenn ein Muskel anspannt, um beispielsweise ein Gelenk zu beugen, muss sein Gegenspieler, korrekt Antagonist genannt, entspannen. Würde er das nicht tun, würde er den anderen Muskel, in diesem Fall den Agonisten, daran hindern, seine Funktion auszuführen.

Der Muskel selbst ist nicht ein Ganzes, sondern besteht aus mehreren Muskelfaserbündeln, die wiederum aus vielen einzelnen Muskelfasern bestehen. Doch es wird noch kleinteiliger: Eine Muskelfaser besteht aus sogenannten Myofibrillen („Muskelfäserchen"), den kleinsten funktionalen Einheiten des Muskels. Sie ermöglichen eine Muskelkontraktion, indem sie sich verkürzen. Eine Myofibrille besteht aus vielen hintereinander geschalteten sogenannten Sarkomeren, den kleinsten funktionellen Einheiten der Muskulatur. Bei Betrachtung unter dem Mikroskop kann man dadurch, dass Sarkomere einen

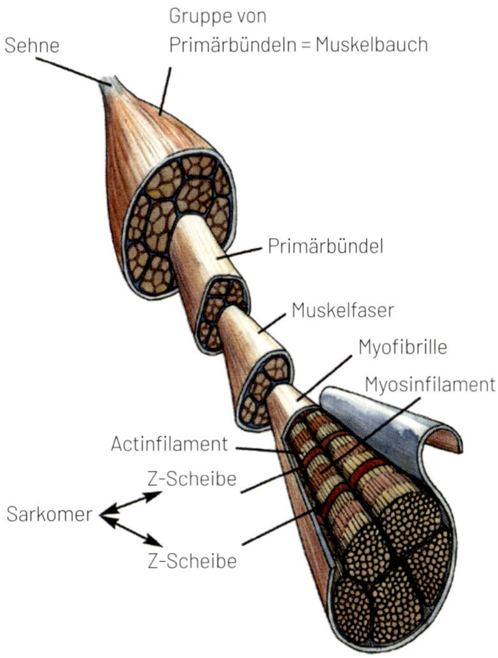

Der Aufbau eines Muskels (Zeichnung: Maria Mähler)

strengen regelmäßigen Aufbau haben, eine typische Querstreifung der Muskelfibrille erkennen. Die Sarkomere werden von Eiweißfäden durchzogen, den sogenannten Aktin- und Myosinfilamenten. Den Impuls zur Kontraktion, der über Nerven in das Innere des Muskels weitergeleitet wird, bekommt der Muskel vom Gehirn bzw. vom Rückenmark. Für diese Arbeit benötigt der Muskel Energie.

DIE RASSE BESTIMMT DEN MUSKELFASERTYP

Die Muskelfasern werden eingeteilt in langsam kontrahierende Fasern, sogenannte Slow-Twitch-Fasern oder Typ-1-Fasern, und schnell kontrahierende Fasern, sogenannte Fast-Twitch-Fasern oder Typ-2-Fasern. Typ-1-Fasern werden auch als rote Muskelfasern bezeichnet. Sie brauchen Sauerstoff, um zu arbeiten, und weisen daher einen hohen Sauerstoffgehalt auf. Damit dieser Sauerstoff in den Muskelzellen verwertet werden kann, wird der rote Muskelfarbstoff Myoglobin benötigt, der als Transporter für den Sauerstoff fungiert. Diese Fasern gewinnen ihre Energie aus Fetten und Glykogen, dem Speicherzucker der Muskulatur, der bei PSSM eine besondere Rolle spielt, unter Zuhilfenahme von Sauerstoff.

Typ-2-Fasern werden entsprechend als weiße Muskelfasern bezeichnet. Die Begründung liegt fast schon auf der Hand: Sie weisen einen niedrigeren Myoglobin- und Sauerstoffgehalt auf und erscheinen deshalb heller als die Typ-1-Fasern. Im Gegensatz zu diesen gewinnen die Typ-2-Fasern ihre Energie anaerob, also ohne Zuhilfenahme von Sauerstoff, und hauptsächlich aus Glykogen. Die Fasern sind dicker als die Typ-1-Fasern und haben das größere Wachstumspotenzial – nicht im Sinne der Faseranzahl, aber im Sinne der Größe. Sie sind es also, die Muskeln wachsen lassen. Neben diesen beiden Fasertypen gibt es noch sogenannte Intermediärfasern, die funktionell dazwischenliegen. Sie können schnell kontrahieren, sind aber trotzdem sehr ermüdungsresistent. Und sie sind sowohl kurzfristig als auch langfristig anpassungsfä-

Aufgrund des höheren Typ-1-Faseranteils können Kaltblüter ausdauernde schwere Arbeiten vollbringen. (Foto: Shutterstock / muro Photographer)

hig – lassen sich also durch entsprechendes Training beeinflussen.

Je mehr Komponenten an der Energiegewinnung beteiligt sind, desto aufwendiger und langwieriger ist diese. Daher können Typ-1-Fasern auch nicht so schnell kontrahieren wie die Typ-2-Fasern. Dafür haben sie aber eine wesentlich höhere Ermüdungstoleranz als diese.

Jedes Pferd hat und braucht alle Muskelfasertypen. In welchem Verhältnis diese zueinander vorkommen, ist weitestgehend genetisch festgelegt. Es gibt verschiedene Untersuchungen dazu, bei denen anhand von Muskelbiopsien ermittelt wurde, wie sich die Faseranteile bei verschiedenen Rassen, Geschlechtern und im Hinblick auf den Einsatzzweck verteilen. So haben Distanz- und Zugpferderassen einen viel höheren Typ-1-Faseranteil als Dressurpferde, Springpferde und Galopprennpferde. In einer Untersuchung an Warmblutpferden verschiedener Zuchtgebiete wurde außerdem herausgefunden, dass Dressurpferde einen höheren Typ-1-Faseranteil sowie einen niedrigeren Typ-2-Faseranteil als Springpferde haben.

PSSM Typ 1 gilt übrigens hauptsächlich als Problem der Typ-2-Muskelfasern. Das ist mit Blick auf betroffene Rassen und deren Symptome für unser zweites Kapitel relevant.

Quarter Horses wurden ursprünglich in Viertelmeilenrennen eingesetzt. Deshalb verfügen sie über mehr Typ-2-Fasern. (Foto: Shutterstock / Dagmara Ksandrova)

Muskelfasertypen im Überblick

Typ-1-Fasern	Intermediärfasern	Typ-2-Fasern
Slow-Twitch-Fasern bzw. Slow-Twitch-Oxidativ (STO)	Fast-Twitch-Fasern bzw. Fast-Twitch-Oxidativ (FTO)	Fast-Twitch-Fasern bzw. Fast-Twitch-Glykolytisch (FTG)
Langsam kontrahierend	Schnell kontrahierend	Schnell kontrahierend
Rote Fasern		Weiße Muskelfasern
Ermüdungsresistent	Ermüdungsresistent	Schnell ermüdend
Ausdauer	Ausdauer und Schnelligkeit	Schnelligkeit
Aerob		Anaerob
Besonders ausgeprägt bei Distanz- und Zugpferden	Besonders ausgeprägt bei Vielseitigkeitspferden und gut trainierten Pferden	Besonders ausgeprägt bei Rennpferden

Genetik und Epigenetik

Beschäftigt man sich mit Erbkrankheiten, tauchen unweigerlich verschiedene Begriffe aus der Genetik auf – so natürlich auch bei den vererbten Myopathien des Pferdes. Die PSSM ist eine autosomal-dominant vererbte Erkrankung mit unvollständiger Penetranz, die auf eine Mutation des Gens GYS1 zurückzuführen ist. Genauer gesagt auf eine Missense-Mutation (Punktmutation). Eine Reihe von Begriffen, die möglicherweise noch mehr Fragen entstehen lassen. Zum besseren Verständnis holen wir deshalb nun etwas weiter aus und beschäftigen uns ein wenig mit der Genetik:

Das Pferdegenom besteht aus rund 2,7 Milliarden Basenpaaren, also den Bausteinen, die die DNA bilden. Die DNA ist die Basis aller Gene. Davon haben Pferde rund 20.000, die sich in Form von unterschiedlich langen Abschnitten auf der DNA befinden. Die DNA wird aus drei Komponenten aufgebaut: Zucker, Phosphat und eben den Basenpaaren. Nur vier Buchstaben oder, korrekterweise gesagt, Nukleotidbasen beschreiben den kompletten genetischen Code. A = Adenin, G = Guanin, C = Cytosin, T = Thymin. Immer drei dieser Basen bilden ein sogenanntes Triplett oder Codon – quasi das Codewort für die Bildung einer Aminosäure in der Zelle. Ein Gen besteht aus mehreren dieser Tripletts, die wiederum je nach Reihenfolge den Code für die Bildung eines bestimmten Proteins vorgeben, das dann entweder als Enzym, Botenstoff oder strukturgebendes Protein agiert. Das heißt also, dass die DNA zwar die Bauanleitung für diese Proteine ist. Die Proteine sind es aber, die die eigentliche Arbeit in den Zellen erledigen.

Die rund 20.000 Gene verteilen sich beim Pferd auf 64 Chromosomen bzw. 32 Chromosomenpaare. Diese Chromosomen tragen die genetischen Informationen in ihrem Zellkern. Sie unterteilen sich in Autosomen und Gonosomen. Autosomen tragen keine Information zum Geschlecht des Tiers. Das tun nur die Geschlechts-Chromosomen, die sich Gonosomen nennen. Die Chromosomenpaare 1-31 sind Autosomen, das 32. Chromosomenpaar des Pferdes trägt die Geschlechtsinformationen, also zwei X-Chromosomen bei Stuten, ein X- und ein Y-Chromosom bei männlichen Tieren. Wird eine Erkrankung wie die PSSM autosomal vererbt, bedeutet das nichts anderes als „geschlechtsunabhängig". Das heißt, Stuten und Hengste/Wallache können gleichermaßen betroffen sein.

Ein Gen ist ein Abschnitt auf einem Chromosom, das, vereinfacht gesagt, jeweils eine Bauanleitung für die Herstellung eines Proteins besitzt und so für die Ausbildung eines Merkmals verantwortlich ist. Jedes Gen existiert in zwei Kopien, den sogenannten Allelen. Jeweils ein Allel wird mütterlicherseits und eines väterlicherseits mitgegeben. Jede einzelne Körperzelle, ausgenommen sind rote Blutkörperchen, enthalten jeweils zwei vollständige Kopien des Genoms und damit jedes Gen - eine Kopie väterlicherseits und eine Kopie mütterlicherseits. Der Vollständigkeit halber sei noch erwähnt, dass Spermien und Eizellen jeweils nur eine Kopie der Erbinformation tragen. Aber nicht jedes Gen ist in jeder Zelle auch aktiv. Eines dieser Gene ist das Gen GYS1, dessen Mutation ursächlich für die PSSM ist. Die genetische Information in einer Zelle ist also verändert. Und da es sich um eine Punktmutation handelt, ist der Bauplan an nur einer Stelle modifiziert. Nur eine Base ist ausgetauscht. Dadurch kann natürlich die Funktion des Enzyms, welches das Gen GYS1 codiert, eingeschränkt sein oder seine Aktivität abwandeln. In diesem Fall handelt es sich um das Enzym für die Glykogensynthese, die Glykogensynthase I.

Für die, die es ganz genau wissen wollen: Am Codon 309 (also an einer bestimmten Aminosäureposition) erfolgt eine sogenannte G-zu-A-Basensubstitution. Das für die Ami-

DNA-Doppelhelix

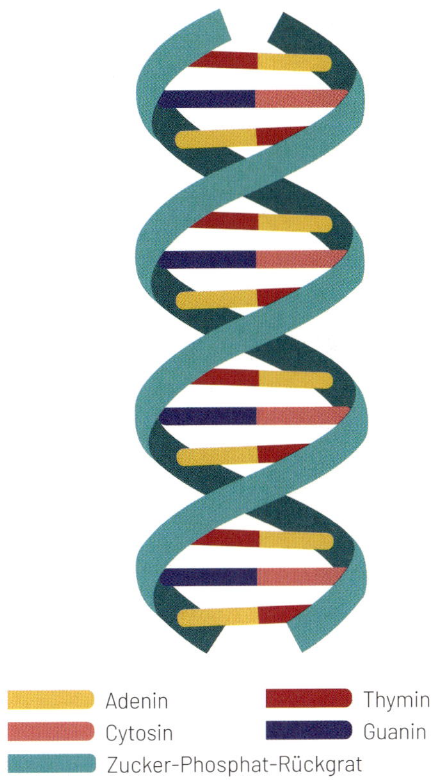

Die Basenpaare liegen im Inneren der DNA. Jeweils zwei gegenüberliegende Basen bilden ein Paar. Die Zucker- und Phosphateinheiten bilden das Rückgrat. *(Grafik: Shutterstock/Zvitaliy)*

nosäureposition 309 normale Codon 309 CGT wird an zweiter Stelle gegen A ausgetauscht. Aus CGT wird CAT. Aus Arginin (R) wird Histidin (H). Die Mutation heißt „genetisch korrekt" deshalb GYS1-R309H. Was der Austausch eines einzelnen Buchstabens verursachen kann, macht vielleicht der folgende Satz deutlich, der aus verschiedenen Tripletts (Codon) besteht:

DIE KUH MAG NU**R** HEU

Wird nun wie bei einer Missense-Punktmutation nur ein Buchstabe, also eine Base, ausgetauscht, ergibt sich ein neuer Sinn:

DIE KUH MAG NU**N** HEU

Die Missense-Mutation

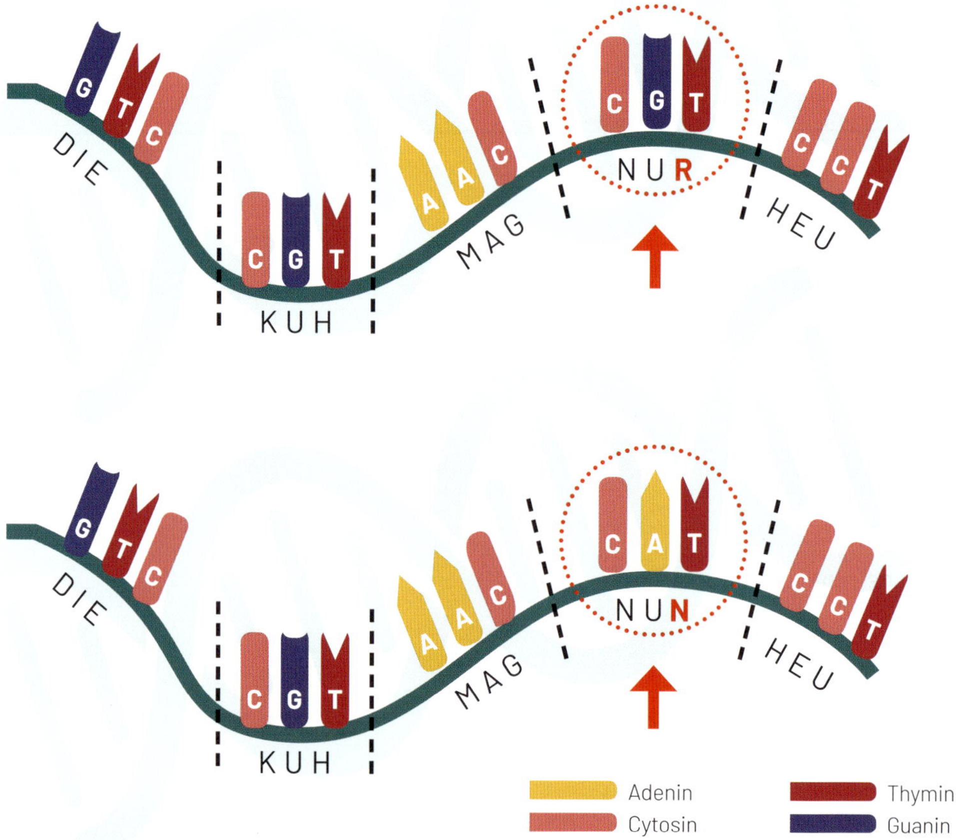

Der Austausch von nur einer Base ergibt einen völlig neuen Sinn bzw. codiert eine andere Aminosäure. Bei der GYS1-Mutation wird das für die Aminosäureposition 309 normale Codon „CGT" an zweiter Stelle gegen ein A ausgetauscht und wird so zu „CAT". (Grafik: Tina Löffler)

(Foto: Shutterstock / Rita Kochmarjova)

Genotyp (Erbbild)

Der Genotyp umfasst alle Gene eines Individuums. In den Genen ist festgelegt, wie ein bestimmtes Merkmal, somit der Phänotyp, ausgeprägt wird.

Phänotyp (Erscheinungsbild)

Der Phänotyp umfasst das Erscheinungsbild, also die Ausprägung aller Merkmale eines Individuums. In unserem Fall die Ausprägung der PSSM-Symptome.

Penetranz (Durchschlagskraft)

Penetranz bezeichnet in der Genetik, mit welcher prozentualen Wahrscheinlichkeit sich der Genotyp auf den Phänotyp durchschlägt. Bei einer vollständigen Penetranz liegt die Wahrscheinlichkeit bei 100 %, dass es zu einer Manifestation einer Erkrankung kommt. Während es bei einer unvollständigen Penetranz nicht zwangsläufig zu einer Ausprägung von Symptomen kommen muss.

WAS MENDEL LEHRTE UND UNS IN BEZUG AUF DIE PSSM VERSTEHEN HILFT

Genetische Informationen können dominant-rezessiv, intermediär oder kodominant weitergegeben werden. Bei dominant-rezessiven Erbgängen ist bei der Ausprägung des sogenannten Phänotyps ein Allel gegenüber dem anderen dominant – setzt sich also durch. Bezogen auf die PSSM bedeutet das, dass grundsätzlich ein verändertes Allel ausreicht, um Krankheitssymptome auszuprägen. Da es sich aber um eine Mutation mit unvollständiger Penetranz handelt, bedeutet das nicht zwingend, dass das Pferd auch erkranken und Symptome ausprägen muss – das wäre nur bei einer vollständigen Penetranz der Fall. Dann würden alle Pferde mit dem entsprechenden Genotyp auch wirklich erkranken.

Ob und wie diese GYS1-Mutation weitergegeben wird, lässt sich anhand der Mendel'schen Regeln aufzeigen, die sicher dem einen oder anderen noch aus der Schulzeit bekannt sind.

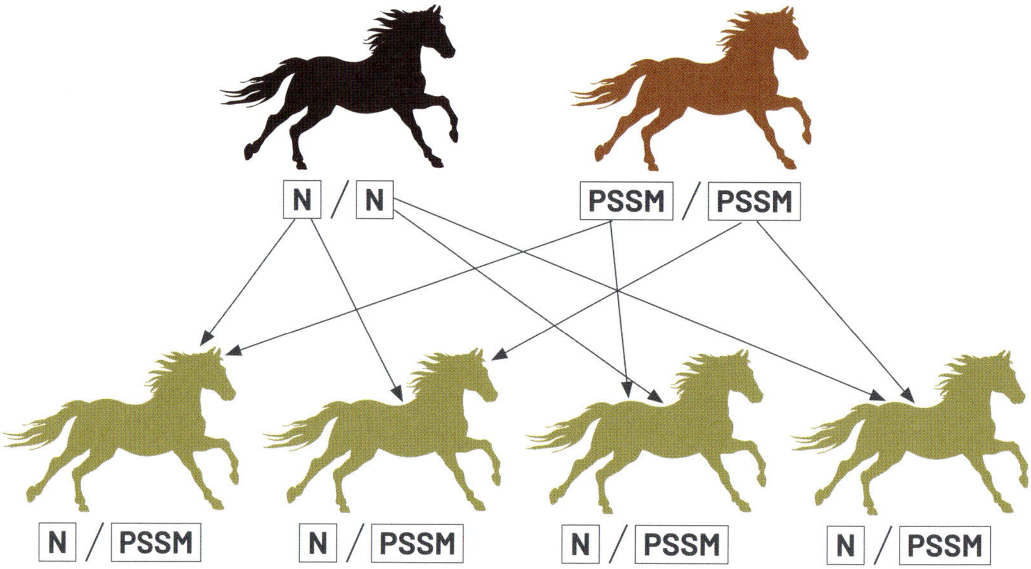

Vererbung der PSSM, wenn beide Elternteile homozygot sind – entweder homozygot gesund oder homozygot betroffen. *(Grafik: Tina Löffler, Illustration: Shutterstock/Moriz)*

REGEL 1

Uniformitätsregel

Werden zwei Elterntiere (P), die sich in einem Merkmal unterscheiden, für das sie reinerbig (homozygot) sind, miteinander gekreuzt, so sind alle Nachkommen (F1) in diesem Merkmal untereinander gleich (uniform).

Ein Elternteil trägt keine GYS1-Mutation. Das andere Elternteil ist reinerbig (homozygot). Das heißt, beide Allele des GYS1-Gens sind betroffen. Gemäß dieser Regel werden also alle Nachzuchten (F1) mischerbig (heterozygot) für die PSSM sein: N/PSSM. Es ist völlig ausgeschlossen, dass aus dieser Anpaarung ein Pferd mit dem Genotyp N/N hervorgeht. Ebenso ist aber auch ausgeschlossen, dass aus dieser Anpaarung ein Doppelgenträger hervorgeht.

REGEL 2

Spaltungsregel

Kreuzt man nun die Nachzucht der F1-Generation untereinander, so erhält man bei dominant-rezessiven Erbgängen in der F2-Generation (Enkelgeneration) eine Aufspaltung der Merkmale in feste Zahlenverhältnisse: bei dominanten Erbgängen im Verhältnis 3:1 oder 1:2:1. Die F1-Generation ist für das Gen mischerbig (heterozygot).

Beide Elternteile sind mischerbig (heterozygot) in Bezug auf die PSSM. Das heißt, jeweils ein Allel des GYS1-Gens ist betroffen. Je nachdem, welches Allel sich durchsetzt bzw. weitergegeben wird, ist die Nachzucht entweder N/N, trägt die Genmutation nicht, oder N/PSSM, also ebenfalls mischerbig (heterozygot) wie die Elterntiere und kann die

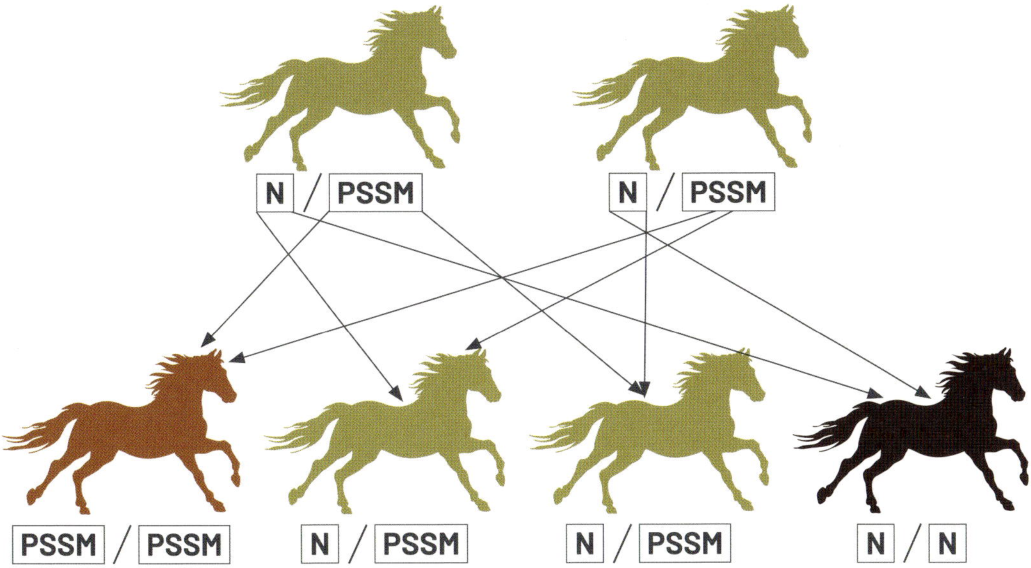

Vererbung der PSSM auf die F1-Generation, wenn beide Elternteile mischerbig, also heterozygot betroffen sind. *(Grafik: Tina Löffler, Illustration: Shutterstock/Moriz)*

Mutation ebenfalls an Nachzuchten weitergeben. Setzt sich von beiden Elternteilen das veränderte Allel durch, ist die nächste Generation sogar PSSM/PSSM, also reinerbig (homozygot) in Bezug auf die PSSM. Die Wahrscheinlichkeit, welches Allel jeweils an die Nachzucht übergeben wird, liegt mathematisch bei 50:50.

Die ersten beiden Mendel'schen Regeln gelten nur für monohybride Erbgänge, zu denen die Vererbung der GYS1-Mutation zählt.

REGEL 3

Unabhängigkeitsregel

Der Vollständigkeit halber sei auch die dritte Mendel'sche Regel erwähnt, die in Bezug auf die GYS1-Mutation allerdings keine Anwendung findet. Die Unabhängigkeitsregel lässt sich nur bei dihybriden Erbgängen anwenden. Dann können Allele verschiedener Gene unabhängig voneinander vererbt werden. Bei einer Kreuzung der heterozygoten F1-Individuen entstehen dann neue Kombinationen von Merkmalsausprägungen, die weder in der P- noch in der F1-Generation zu beobachten waren.

VERERBUNG UND GEDANKEN ZUR ZUCHT

Dieses Wissen ist vor allem für die Zucht unerlässlich! Aus einer Verpaarung von zwei N/PSSM-Elterntieren können auch N/N-Nachkommen, also in Bezug auf die PSSM homozygot gesunde Tiere, fallen. Züchtet man mit dieser N/N-Generation weiter, können diese nur N/N-Nachkommen erzeugen. Das bedeutet, diese Genmutation kann keine Generation überspringen. Ein Pferd ohne die Genmutation (homozygot gesund) kann diese definitiv nicht weitervererben, selbst wenn dessen Eltern heterozygot (mischerbig betroffen) für die PSSM waren. Es besteht also durchaus die Möglichkeit, diese Genmutation aus einer Population wieder herauszuzüchten. Das ist insofern wichtig, um einen Genpool nicht zu klein werden zu lassen, vom Aussterben bedrohte Rassen zu erhalten und erhaltenswerte Genetik zu schützen. Es kann also durchaus eine bewusste und auch verantwortungsvolle Entscheidung sein, auch mit Genträgern zu züchten – sofern diese nicht erkrankt sind, das heißt, keine Symptome in Bezug auf die PSSM zeigen. Dass die betroffenen Pferde oftmals erst in einem Alter zwischen sieben und zehn Jahren oder auch später symptomatisch werden, ist dabei unbedingt zu berücksichtigen. Es ist deshalb aus erhaltungszüchterischen und zuchtpolitischen Aspekten notwendig, dass sich Pferdezucht-

Das „Popular Sire Syndrome"

Leider trägt das sogenannte „Popular Sire Syndrome" (die Tendenz einiger Züchter, nur mit Spitzenvererbern zu züchten) dazu bei, verschiedenen genetischen Erkrankungen Vorschub zu leisten. Gerade in der Leistungszucht geht es heute darum, sich auf besonders erwünschte Merkmale, wie beispielsweise außergewöhnliches Gangvermögen, zu konzentrieren. Doch die Kehrseite der Medaille ist, dass sich so auch unerwünschte Merkmale in einer Familienlinie häufen können. Wird zu viel mit ein und demselben Tier gezüchtet, erhält der Genpool einen „Überschuss" dieser Gene. Das schließt auch schädliche Varianten ein, die möglicherweise erst viel später entdeckt werden können. Gerade wenn bei einem Pferd mehrere genetische Erkrankungen zusammenkommen und diese auch noch dominant vererbt werden, ist oftmals von größerem Leid für diese Pferde auszugehen.

Ein Beispiel für die Verbreitung einer Erkrankung durch eine Genmutation bei einem „Popular Sire" ist die Erkrankung HYPP (Hyperkaliämische Periodische Paralyse) bei den American Quarter Horses. Diese unheilbare Stoffwechselerkrankung lässt sich auf einen einzigen Vererber zurückführen – den Hengst Impressive. Der Gendefekt ist durch eine spontane Mutation bei diesem Hengst entstanden, der diese an seine Nachkommen weitergab. HYPP kommt in keiner anderen Pferderasse vor bzw. nur in Rassen, in die das Blut von diesem einen Hengst eingekreuzt wurde. Da Impressive als Vererber extrem frequentiert war, leiden heute noch sehr viele Halter- und Pleasure-Pferde unter HYPP.

verbände, insbesondere gefährdeter Rassen, mit dem Krankheitskomplex PSSM wissenschaftlich auseinandersetzen.

Der DNA-Test ist ein wirkungsvolles Instrument, Trägertiere zu identifizieren. Einige Verbände haben hierzu auch Bestimmungen in ihre Zuchtprogramme aufgenommen.

EPIGENETIK – DIE „SOFTWARE", DIE DIE GEN-„HARDWARE" BEDIENT

Die gute Nachricht ist: Wir sind keine Sklaven unserer Gene und unsere Pferde genauso wenig. Denn mittlerweile weiß man: Gene sind nicht alles. Jede einzelne Zelle in einem Organismus enthält dasselbe Erbgut. Beim Pferd befinden sich also jeweils rund 20.000 Gene in jeder einzelnen Zelle – aber nicht in jeder Zelle sind auch alle Gene aktiv. Die Zellen haben schließlich unterschiedliche Funktionen, und nicht für jede Funktion werden alle Gene benötigt. Welches Gen also wann abgelesen wird, bestimmt unter anderem die Epigenetik. Sie ist quasi die „Software", die die „Hardware" – das Gen – bedient und steuert.

Warum werden dann aber manche Pferde mit der GYS1-Mutation hochsymptomatisch und erkranken, während andere selbst bei nicht ganz idealen Haltungs- und Fütterungsbedingungen kaum oder gar nicht auffällig werden? Welche Faktoren beeinflussen die Aktivität eines Gens?

Neben dem eigentlichen Code des Lebens, der DNA, gibt es also auch noch einen zweiten Code, den sogenannten epigenetischen Code, mit dem sich Erbgut gewissermaßen steuern lässt. Das heißt, das Epigenom leitet chemische Reaktionen ein und

(Foto: MPI für Immunbiologie & Epigenetik, Rockoff)

„EPIGENETIK STELLT WEICHE VERÄNDERUNGEN DAR. VERÄNDERUNGEN, DIE DIE ANPASSUNGSFÄHIGKEIT IN EINEM LEBEN AUSMACHEN, DIE AUCH GRÖSSTENTEILS RÜCKGÄNGIG GEMACHT WERDEN KÖNNEN. DIE GENETIK HINGEGEN SORGT FÜR HARTE VERÄNDERUNGEN, DENN DNA-MUTATIONEN SIND NICHT REVERSIBEL. DAMIT TREIBEN DIESE MUTATIONEN ABER EBEN DIE EVOLUTION NACH VORNE."

Professor Dr. Thomas Jenuwein,
Max-Planck-Institut für Immunbiologie und Epigenetik

bestimmt, vereinfacht gesagt, welche Gene an- oder abgeschaltet und welche Proteine hergestellt werden. Es reagiert auf Einflüsse von außen. Dazu zählen Umwelt, Ernährung, Bewegung, psychische Belastungen und vermutlich sogar Erfahrungen, sprich Fütterungs- und Haltungsbedingungen der Eltern- und Großelterngeneration. Nicht umsonst kommt dem Haltungs-, Bewegungs- und Fütterungsmanagement bei PSSM deshalb eine besondere Bedeutung zu. Das Genom lässt sich dadurch nicht verändern, also eine Genmutation weder herbei- noch wegfüttern. Sie kann nur durch bestimmte Anpaarungskonstellationen aus einer Population herausgezüchtet werden. Was sich beeinflussen lässt, scheint das Epigenom zu sein. Der Code, der das Erbgut steuert.

SCHÄDLICHE ODER NÜTZLICHE MUTATION?

Vermutlich fragt sich jeder betroffene Pferdehalter, der ein Pferd mit einem oder gar mehreren Genmutationen hält, warum und mit welchem Sinn diese auftreten. Die schlechte Nachricht ist: Mutationen geschehen zufällig. Wann immer neue Zellen produziert werden, und das passiert ständig, muss sich die gesamte DNA einmal replizieren, um sie der neuen Zelle mitzugeben. Bei diesem Kopiervorgang oder auch durch Umwelteinflüsse können Fehler passieren.

Dennoch sind Mutationen nicht per se schadhaft und können durchaus auch nützlich sein. Nämlich dann, wenn sich ein Lebewesen dadurch besser der Umgebung anpassen und somit überleben kann. In der Biologie wird das als natürliche Selektion bezeichnet. Vermutlich ist auch die GYS1-Mutation ursprünglich ein solcher Selektionsvorteil gewesen. Diese Genmutation könnte durchaus zwischen 1.200 und 1.600 Jahre alt sein. Der Genort des Gens GYS1 lässt Forscher zu diesem Schluss kommen. Die Mutation ist also potenziell zu einer Zeit passiert, als Pferde vornehmlich als Arbeits-, Zug- und Lastentiere eingesetzt waren und dank dieser Veränderung mit wenig Energiezufuhr große und schwere Leistungen erbringen konnten.

Was sich seinerzeit also durchaus als Vorteil darstellte, wird heute zunehmend zum Problem, weil geringere Arbeitsleistung und übermäßige Fütterung oftmals in einem deutlichen Missverhältnis stehen.

Wir legen deshalb großen Wert darauf, in Zusammenhang mit der PSSM von einer Genmutation und nicht von einem Gendefekt zu sprechen. Denn nur wenn eine Genmutation schädliche Auswirkungen auf den Organismus hat, sollte sie als Gendefekt bezeichnet werden. In diesem Fall ist es aber nicht die Genmutation an sich, die die Probleme mit sich bringt. Boxenhaltung und exzessive Kraftfuttergabe bei gleichzeitig weniger Bewegung können einen ursprünglichen Vorteil schnell ins Gegenteil führen. Darauf werden wir noch einmal im zweiten Teil des Buches eingehen.

(Foto: Shutterstock / Rita Kochmarjova)

ZWEITER TEIL

PSSM – Schreckgespenst oder cleverer Schachzug der Natur?

Erkrankungen der Muskulatur

Die Bandbreite muskulärer Erkrankungen des Pferdes, sogenannter Myopathien (griechisch für „Muskelleiden"), ist groß. Meist ähneln sich diese Erkrankungen in den Symptomen. Die Ursachen können aber sehr unterschiedlich sein. Vergiftungen wie bei der „Atypischen Weidemyopathie" können eine Rolle spielen. Muskelerkrankungen können ernährungsbedingt sein, wie beispielsweise die sogenannte „Weißmuskelkrankheit" der Fohlen, bei der eine fortgeschrittene Selen- und Vitamin-E-Unterversorgung die Erkrankung auslöst. Das Gros der muskulären Erkrankungen tritt aber im Zusammenhang mit Belastungen auf.

Belastungsmyopathien entstehen durch Stoffwechselstörungen in der Muskulatur. Genetische Komponenten wie bei der PSSM können ein wesentlicher, begünstigender Faktor sein. Fehler im Management spielen eine noch größere Rolle, so z. B. eine zu kohlenhydratreiche Fütterung bei gleichzeitig nicht angepasster Leistung. Oder auch genau andersherum: nicht angepasstes Training und nicht angemessene Fütterung für die geforderte Leistung. Im ersten Fall können die Energie-(Glykogen-)Reserven im Muskel nicht schnell genug mobilisiert und dem Organismus zur Verfügung gestellt werden. Im zweiten Fall kommt es zu einer vollständigen Erschöpfung dieser Reserven. Die Speicher sind leer. Eines haben alle diese Erkrankungen gemeinsam – immer gehen Muskelfasern zugrunde. Es kommt zur sogenannten Rhabdomyolyse. Das ist der Fachbegriff für den Muskelfaserzerfall der Skelettmuskulatur.

Verschiedene Myopathien

- Atypische Weidemyopathie
- Azoturie
- Belastungsbedingte Myopathien
- Exertional Rhabdomyolysis (ER)
- Feiertagskrankheit
- Kreuzverschlag
- Lumbago
- Recurrent Exertion Rhabdomyolysis (RER)
- Rhabdomyolitis
- Sporadic Exertional Rhabdomyolysis (SER)
- Tying-up-Syndrom
- Überanstrengungsmyositis
- Weißmuskelkrankheit
- …

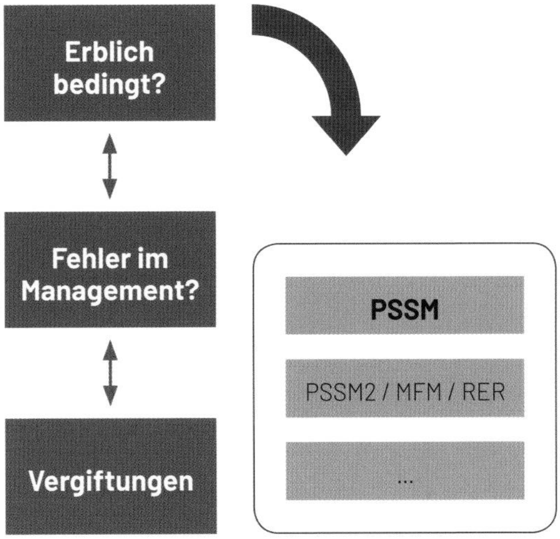

Es gibt verschiedene Muskelerkrankungen und zahlreiche Bezeichnungen, die teilweise synonym verwendet werden. Nicht immer sind die Gene schuld. (Grafik: Tina Löffler)

Die Polysaccharid-Speicher-Myopathie

Eine dieser muskulären Erkrankungen ist die Polysaccharid-Speicher-Myopathie (PSSM). Vielen Pferdehaltern mittlerweile durchaus ein Begriff, ist aber oft noch unklar, was genau dahintersteckt. Vielfach werden Begriffe verwechselt oder nicht klar voneinander abgegrenzt. Dass ein Pferd Genträger ist, bedeutet beispielsweise nicht automatisch, dass es auch an der PSSM erkrankt ist oder erkranken wird.

Wer sich ein Buch kauft, das sich mit dieser Myopathie beschäftigt, möchte tiefer einsteigen und verstehen. Nachdem wir im ersten Teil des Buches wichtige Grundlagen erklärt haben, setzen wir uns im zweiten Teil intensiv mit der Erkrankung selbst auseinander. Neben der Erklärung, was die PSSM eigentlich ist, besprechen wir die Vererbung und Verbreitung, mögliche Symptome betroffener Pferde, die diagnostischen Möglichkeiten und vor allem, wie man diese Pferde durch ein geeignetes Management bestmöglich unterstützen kann.

Das gelingt einerseits durch ein proaktives Management, damit betroffene Pferde gar nicht erst erkranken. Andererseits beschreiben wir aber auch ausführlich, was zu tun ist, wenn der gefürchtete Notfall in Form eines Schubes eintritt. An einigen Stellen werden wir uns wiederholen. Wir haben uns bewusst dazu entschieden, um so die wichtigsten Botschaften besonders hervorzuheben. Grundsätzlich denken wir, dass es immer gut ist, das Essenzielle zu wiederholen. Dadurch bleibt es besser im Gedächtnis.

DAS WICHTIGSTE ZUERST – PSSM IN DREI SÄTZEN

Die PSSM ist eine autosomal-dominant vererbte Erkrankung des Muskelstoffwechsels, die auf einer Mutation des Gens GYS1 beruht. GYS1 codiert die Muskel-Glykogensynthase, ein Schlüsselenzym der Glykogensynthese. Durch eine erhöhte Insulinsensitivität und eine überaktive Glykogensynthese bauen diese Pferde vermehrt Glykogen und abnormal verkettete Speicherzucker in der Muskulatur auf, die sich im Bedarfsfall nur sehr schwer oder gar nicht wieder abbauen lassen.

WIE DIE PSSM ZU IHREM NAMEN KAM

Diese besondere Erkrankung des Muskelstoffwechsels wird seit mehr als drei Jahrzehnten erforscht, vorwiegend in den USA und in Australien, aber auch in Europa.
Erstmals erwähnt wird sie im Jahr 1992 von Dr. Stephanie Valberg und ihrem Forschungsteam von der University of Minnesota als Ursache für wiederkehrende, belastungsbedingte Kreuzverschläge beim Quarter Horse.
Die untersuchten Tiere zeigten neben den klinischen Symptomen und den erhöhten Muskelenzymen im Blutserum vor allem eine Gemeinsamkeit in den histologischen Befunden: Im Muskelgewebe waren deutlich mehr Glykogeneinlagerungen als normal üblich sowie abnormale amylaseresistente Polysaccharide zu finden.

Aus diesem Befund der histologischen Untersuchung ergab sich der Name für den vorliegenden Beschwerdekomplex: PSSM.

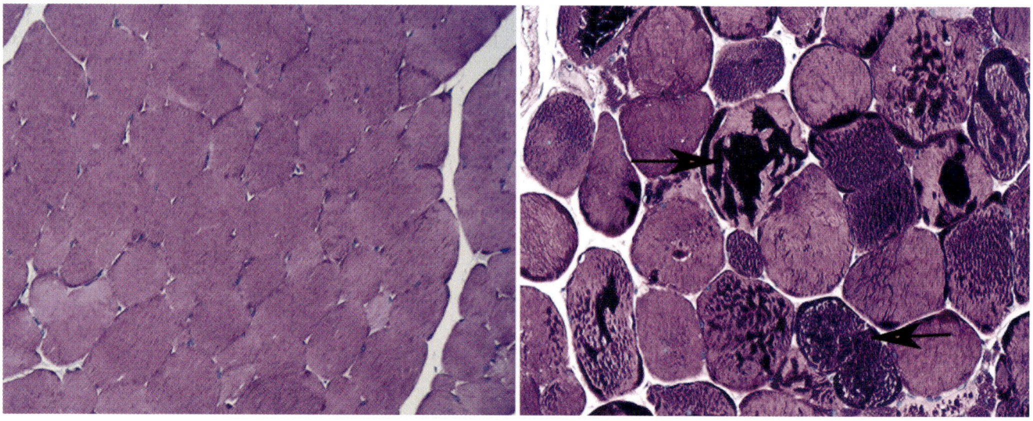

Gewebeprobe eines Querschnitts aus der Hinterbackenmuskulatur (Semimembranosus-Muskel) eines gesunden Pferdes (links) und eines Pferdes mit Polysaccharid-Speicher-Myopathie Typ 1 (PSSM1) (rechts), die mit einer PAS-Reaktion (Abk. für engl. Periodic Acid-Schiff) angefärbt wurde. Mit dieser Färbung lassen sich Polysaccharide wie Glykogen, die Speicherform von Zucker im Muskel, erkennen. Beim gesunden Pferd ist das Glykogen gleichmäßig verteilt und bildet ein ebenes magentafarbenes Muster. Beim PSSM1-Pferd ist die Färbung aufgrund des höheren Glykogengehalts dunkler und es werden Aggregate abnormaler Polysaccharide (Pfeile) sichtbar.

(Foto: Dr. Stephanie Valberg, Michigan State University)

Amylase

ist ein wichtiges Enzym, das von der Bauchspeicheldrüse gebildet wird und am Kohlenhydrat-/Zuckerstoffwechsel beteiligt ist. Mithilfe der Amylase werden Polysaccharide im Verdauungsprozess in Einfachzucker gespalten. Diesen „Amylase-Effekt" kann man sich auch in der histologischen Untersuchung (Untersuchung der Muskelgewebeprobe) zunutze machen, um die atypischen Polysaccharide sichtbar zu machen.

GENMUTATION ALS URSACHE

Im weiteren Verlauf der Studien wurde dann eine mit der PSSM in Zusammenhang stehende Mutation im Glykogensynthase-Gen (GYS1) entdeckt und ab 2008 publiziert. Die Forscher der University of Minnesota fanden heraus, dass betroffene Pferde eine erhöhte Aktivität der Glykogensynthase zeigen, was zu einer unregulierten Synthese von Glykogen und abnormalen Glykanen führt.

Damit wurde der Beweis angetreten, dass es sich bei der PSSM um eine erblich bedingte Glykogenspeicherkrankheit handelt. Alle Pferde mit PSSM sammeln sowohl überschüssiges Glykogen als auch abnorme amylaseresistente Polysaccharide in den Typ-2-Fasern der Skelettmuskulatur an. Die Synthese, also der Aufbau und die Speicherung des Glykogens in den Muskelspeichern, ist dabei gestört. Der Abbau des Glykogens (Glykogenolyse) in den Muskelzellen läuft normal ab. Sofern das Glykogen im „Normalzustand" vorliegt, kann es auch abgebaut und dem Organismus zur Energiegewinnung zur Verfügung gestellt werden.

Diese Anomalie benannte man mit „PSSM1" bzw. „PSSM Typ 1". Da bei einem gewissen Anteil der untersuchten und histologisch auffälligen Pferde die genetische Veränderung nicht nachgewiesen werden konnte, fasst man diese in einer Gruppe „PSSM2" bzw. „PSSM Typ 2" zusammen. Bei der Bezeichnung „PSSM2" bzw. „PSSM Typ 2" handelt es sich nicht um eine eigenständige Erkrankung, sondern um einen Sammelbegriff für all die Fälle, die ähnliche Symptome und ein ähnliches Bild in der histologischen Untersuchung zeigen, bei denen das Gen GYS1 jedoch intakt ist. Das heißt, die Ursache der exzessiven Glykogenspeicherung ist in diesen Fällen nicht durch eine GYS1-Mutation erklärbar.

Lange galt die PSSM Typ 1 als Problem der Westernpferderassen. Das ist dem Umstand geschuldet, dass die ersten Forschungen nur an diesen Rassen durchgeführt wurden. Erst in den folgenden Jahren und bei der Ausweitung der Studien auf andere Rassen wurde klar, wie weit verbreitet die GYS1-Mutation ist, vor allem bei den kaltblütigen Rassen und allen davon beeinflussten Zuchtrichtungen wie Quarter Horses, Paint Horses und Appaloosas. Genauso sind aber auch Cobs, Haflinger, Barockpferderassen und weitere von dieser Genmutation betroffen. Relativ moderat scheint PSSM Typ 1 in der Warmblutzucht verbreitet zu sein und selten bis gar nicht zu finden ist sie bei arabischen Pferden, Englischen Vollblütern und anderen rein gezogenen Rassen wie Islandpferden. Scheinbar war es also die Einkreuzung genügsamer, kaltblütiger Pferde, die für die extreme Verbreitung der Genmutation sorgte. Dabei kann die erhöhte Insulinsensitivität durchaus sogar ein mögliches frühes Zuchtkriterium für leichtfuttrige Rassen wie beispielsweise Haflinger gewesen sein.

Anstelle der Bezeichnung PSSM wird synonym teilweise auch EPSM und EPSSM verwendet. Auch wenn sich der Begriff PSSM schlussendlich durchgesetzt hat, sind alle Begriffe korrekt.

VERERBUNG PSSM

Die PSSM wird autosomal-dominant vererbt und folgt den Regeln eines monohybriden Erbgangs. Daraus ergibt sich folgendes Schema der Vererbung:

Genotypen und Vererbungsschema

Genotyp	N/N	N/PSSM	PSSM/PSSM
N/N	100% N/N	50% N/N 50% N/PSSM	100% N/PSSM
N/PSSM	50% N/N 50% N/PSSM	25% N/N 50% N/PSSM 25% PSSM/PSSM	50% N/PSSM 50% PSSM/PSSM
PSSM/PSSM	100% N/PSSM	50% N/PSSM 50% PSSM/PSSM	100% PSSM/PSSM

Wie wird PSSM vererbt?

Für die Vererbung von PSSM Typ 1 gibt es drei mögliche Genotypen:

- **Genotyp N/N *(homozygot gesund)*:** Dieses Pferd trägt die Mutation nicht und wird nicht an PSSM Typ 1 erkranken. Es kann die Mutation nicht an seine Nachkommen weitervererben.
- **Genotyp N/PSSM oder PSSM/N *(heterozygot betroffen)*:** Dieses Pferd trägt eine Kopie des mutierten Gens und hat ein hohes Risiko, an PSSM Typ 1 zu erkranken. Es wird die Mutation mit einer Wahrscheinlichkeit von 50 Prozent an seine Nachkommen weitervererben.
- **Genotyp PSSM/PSSM *(homozygot betroffen)*:** Dieses Pferd trägt zwei Kopien des mutierten Gens und hat ein sehr hohes Risiko, an PSSM Typ 1 zu erkranken. Es wird die Mutation mit einer Wahrscheinlichkeit von 100 Prozent an seine Nachkommen weitervererben.

DAS WICHTIGSTE AUF EINEN BLICK ZUSAMMENGEFASST:

- Die PSSM ist eine erblich bedingte Glykogenspeicherkrankheit, die durch eine Mutation des Gens GYS1 verursacht wird.
- Das heißt, die fehlerhafte Einlagerung (Speicherung) dieser Polysaccharide in den Muskelzellen kann zu einer Myopathie führen.
- Die Genmutation wird autosomal-dominant vererbt. Ein betroffenes Allel reicht bereits aus, um Symptome auszuprägen und somit an PSSM Typ 1 zu erkranken sowie die Genmutation an die Nachzucht weiterzugeben.
- Nicht alle Pferde, die die Genmutation in sich tragen, müssen auch erkranken. Durch entsprechendes Haltungs-, Fütterungs- und Bewegungsmanagement können Symptome verringert und sogar vermieden werden.
- Die Erkrankung verläuft progredient, also voranschreitend. Akute Episoden, in Form von Schüben, können auftreten.

Viele der Studien zu PSSM kommen zu dem Ergebnis, dass die mit der GYS1-Mutation und der PSSM einhergehenden Symptome in 90 Prozent der Fälle durch ein angepasstes Management der Pferde deutlich reduziert und vor allem die Tendenz zu regelmäßigen Schüben signifikant verringert werden. Weil der einflussreichste Faktor zur Verringerung bzw. Vermeidung von Symptomen in einem optimalen Fütterungs-, Haltungs- und Bewegungsmanagement liegt, gehen wir darauf in den folgenden Kapiteln noch detailliert ein.

Verbreitung der PSSM bei verschiedenen Rassen

Die Mutation des GYS1-Gens wurde erstmals bei American Quarter Horses beschrieben und galt deshalb anfänglich als Erkrankung der Westernpferderassen, zu denen Quarter Horses als auch Paint Horses und Appaloosas zählen. Dass die Genmutation dort entdeckt wurde, bedeutet aber nicht, dass sie dort auch initial aufgetreten ist.

Die Wissenschaft geht davon aus, dass die ursächliche Mutation sehr weit zurückliegt – vermutlich weiter als 1.200 Jahre. Es gilt als wahrscheinlich, dass einige der Zuchttiere, die die Grundlage für viele der heutigen nordamerikanischen Zug- und Arbeitspferde bildeten, Träger der GYS1-Mutation waren. Die Zuchtgeschichte des American Quarter Horse zeigt, dass dieses aus einer Kombination mehrerer Rassen entstanden ist. Vornehmlich aus solchen, die die spanischen Eroberer Amerikas sowie die Siedler des 17. und 18. Jahrhunderts mitbrachten. Dazu zählten vor allem Araber, Berber, Andalusier, Irische Ponys, Englische Vollblüter und auch Percherons – also vorwiegend Zug- und Arbeitspferde. Hinzu kommt die Tendenz vieler Züchter, mit Spitzenvererbern teilweise im Linebreeding (beschreibt selektive Inzucht, die darauf abzielt, eine oder mehrere der positiven Eigenschaften des gemeinsamen Vorfahren zu reproduzieren) zu züchten. Ebenso gibt es mehrere Quarter-Horse-Linien in den USA, die auf einen kleinen Percheron-Hengst zurückzuführen sind. Dieser war vermutlich Träger der GYS1-Mutation, denn zahlreiche Stuten aus dieser Linie waren positiv und haben noch mehr ebenfalls positiv getestete Fohlen geboren.

Häufig betroffene Rassen

Insgesamt lässt sich über mehrere Studien, eigenen Erhebungen sowie durchgeführte Gentests des Labors Laboklin festhalten, dass vorwiegend besonders ruhige, muskulöse und leichtfuttrige Pferde betroffen sind – also American Quarter Horses, Paint Horses, Appaloosas, verschiedene Kaltblutrassen inklusive Tinker und auch Haflinger – Rassen, die traditionell als Zug- und Arbeitspferde eingesetzt werden. Die Kreuzung dieser Rassen und deren Selektion auf verschiedene Leistungsmerkmale ohne das Wissen um diese Mutation brachte es mit sich, dass die Genmutation mittlerweile in sehr vielen Pferderassen verbreitet ist.

RASSESPEZIFISCHE VERTEILUNG

Das Fachlabor für veterinärmedizinische Diagnostik Laboklin hat uns freundlicherweise für dieses Buch mit einer Reihe von Daten versorgt, die es im Rahmen der Routinediagnostik im Zeitraum 2012 bis Ende Januar 2022 erhoben hat. Es handelt sich dabei nicht um Studiendaten, sodass von der Verteilung der Genotypen dieser Untersuchungsdaten nicht auf die tatsächliche Genotypverteilung der jeweiligen Rassepopulation geschlossen werden kann. Es ist davon auszugehen, dass in einem veterinärmedizinischen Labor viele Proben aufgrund einer Verdachtsdiagnose eingesendet werden. Was wir anhand der Daten aber durchaus sehen können, ist, dass die GYS1-Genvariante in sehr vielen Rassen vorliegt und bestimmte Rassen diese Genvariante häufiger aufweisen als andere. Allerdings ist hier darauf hinzuweisen, dass die Angaben zur Rasse auf den Informationen des Einsenders beruhen *(siehe Grafiken Seiten 43 und 44)*. Darüber hinaus wurde die GYS1-Genvariante in zahlreichen anderen Rassen nachgewiesen: Altmärkisches Kaltblut, American Bashkir Curly Horse, Araber-Berber, Argentinisches Polopony, Bardigiano-Pony, Barock-Pinto, Boulonnais, Camargue, Cheval Breton, Clydesdale, Comtois, Criollo, Dartmoor, Dülmener, Hannoversches Kaltblut, Knabstrupper, Huzule, Mecklenburger Kaltblut, Morgan Horse, Mustang, Niederländisches Kaltblut, Pfalz-Ardenner, Polnischer Araber, Polnisches Reitpony, Ponys of America (POA), Quarab, Rocky Mountain Horse, Sächsisch Thüringisches Kaltblut, Schleswiger Kaltblut, Shire Horse, Thoroughbred, Trait Breton und auch beim Shetlandpony.

Aufgrund des geringen Anteils getesteter Tiere kann hier keine grafische Aufteilung und Verteilung nach Genotypen erfolgen. Die große Rassevielfalt zeigt sich auch im Rahmen unserer eigenen Erhebung aus dem Jahr 2022.

BESONDERE ERKENNTNISSE BEI AMERICAN QUARTER HORSES

Die American Quarter Horse Association (AQHA) geht mit den Erkenntnissen der bisherigen Studien mittlerweile sehr verantwortungsvoll um und hat ab dem Deckjahr 2015 den sogenannten 5-Panel-Test (Gentest für die Erbkrankheiten HYPP, PSSM, EMH, GBED und HERDA) für Zuchttiere verpflichtend eingeführt. Dadurch müssen alle Deckhengste und Zuchtstuten ab dem Geburtsjahrgang

Verbreitung der PSSM bei verschiedenen Rassen (1/2)

RASSE	N/N	N/PSSM	PSSM/PSSM
Percheron	20,0%	46,1%	33,9%
Brabanter	27,1%	48,8%	24,0%
Ardenner	29,8%	47,7%	22,5%
Rheinisch-Deutsches Kaltblut	40,0%	46,9%	13,0%
Merens	57,8%	40,0%	2,2%
Schwarzwälder Kaltblut	66,8%	29,8%	3,4%
Tinker/Irish Cob/Gibsy Cob	73,6%	24,3%	2,1%
Lewitzer	83,3%	16,7%	0,0%
Berber	87,3%	11,4%	1,3%
New Forest Pony	87,7%	11,5%	0,8%
Freiberger	88,6%	11,4%	0,0%
Andalusier/PRE	94,1%	5,9%	0,0%
Deutsches Reitpony	96,2%	3,8%	0,0%
Friese	97,3%	2,7%	0,0%
Missouri Foxtrotter	93,5%	6,5%	0,0%
Welsh	95,2%	4,8%	0,0%
Araber 3)	98,2%	1,1%	0,0%
Connemara	98,8%	1,2%	0,0%
Norweger/Fjordpferd	99,3%	0,7%	0,0%
Isländer	99,7%	0,3%	0,0%

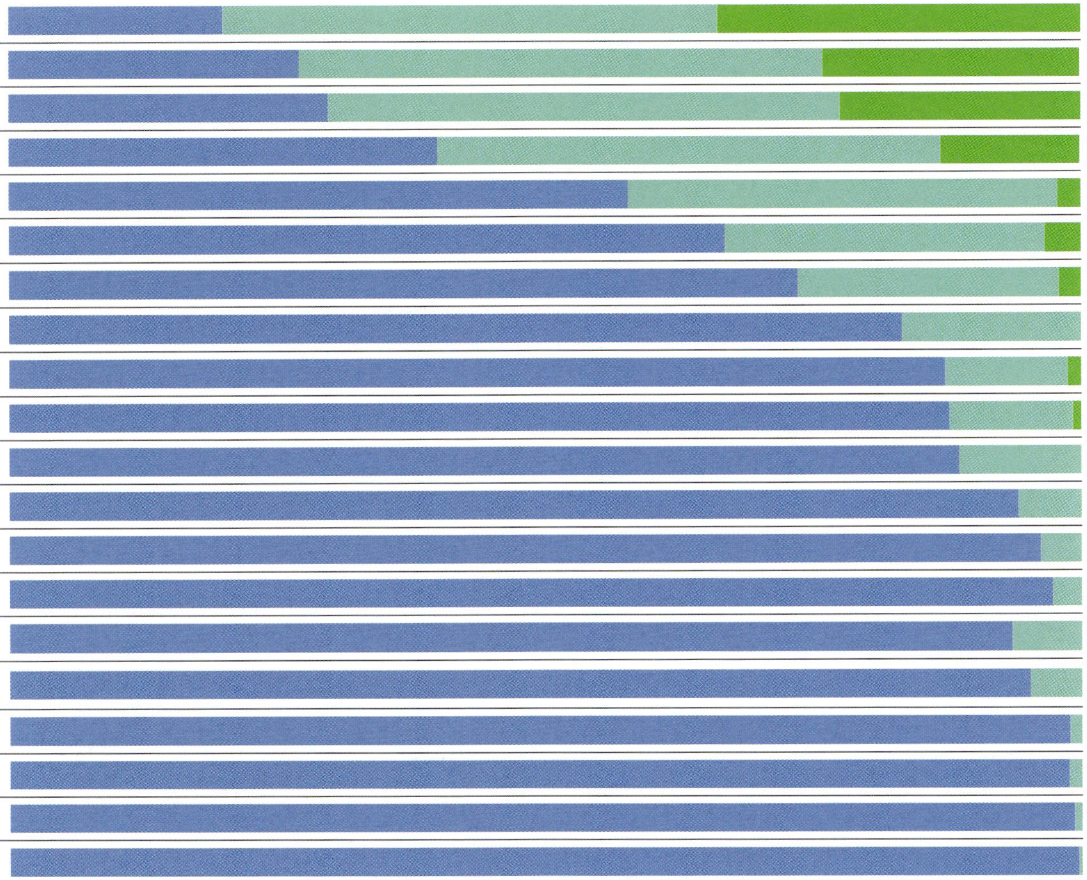

Erhebung GYS1-Genvariante mit Verteilung des Genotyps bei mehr als 100 getesteten Pferden pro Rasse. Quelle: Laboklin GmbH & Co. KG (Grafik: Tina Löffler)

1989 und jünger für ihren Einsatz einen solchen DNA-Test vorweisen.

Ein besonderer Blick noch einmal auf die Testergebnisse der Quarter Horses lohnt sich deshalb. Im Zeitraum 2012 bis Ende Januar 2022 wurden mehr als 10.000 Pferde vom Labor Laboklin getestet. Die Auswertung zeigt, dass knapp 90 Prozent keine GYS1-Mutation in sich tragen. Stellt man nun die Ergebnisse der Pferde, die in den Jahren 2012/2013 getestet wurden, denen der Jahre 2020/2021 gegenüber, so zeigt sich, dass der Anteil an PSSM-freien Tieren (Genotyp N/N) sich in der Population erhöht hat. Das macht den Nutzen des Gentests sowie die Wirkung strengerer Zuchtvorgaben sehr deutlich:

Verbreitung der PSSM bei verschiedenen Rassen (2/2)

	American Quarter Horses 4)	Noriker	Süd-deutsches Kaltblut	Haflinger	Appaloosa	Paint Horse	Warmblut 1)	Warmblut 2)
N/N	89,8%	62,2%	76,5%	80,7%	84,9%	88,9%	94,2%	99,2%
N/PSSM	10,0%	33,7%	22,0%	18,2%	14,5%	10,9%	5,6%	0,8%
PSSM/PSSM	0,1%	4,1%	1,5%	1,1%	0,5%	0,2%	0,2%	0,0%

1. Umfasst u. a. Proben mit der Rassebezeichnung „Warmblut", Warmblutpferd deutscher Zuchtverbände und auch Warmblutpferd nichtdeutscher Zuchtverbände wie Belgisches Warmblut, Dänisches Warmblut, Irish Sport Horse, KWPN, Österreichisches Warmblut, Schwedisches Warmblut, Schweizer Warmblut, Tschechisches Warmblut u. a.
2. Umfasst nur Warmblutpferderassen deutscher Zuchtverbände, die Rassebezeichnung „Warmblut" ohne weitere Angabe ist hier ausgeschlossen.
3. Umfasst nur Tiere mit der Rassebezeichnung „Araber/Arabian". Die Bezeichnungen Vollblutaraber, Shagya-Araber und Anglo-Araber sind hier ausgeschlossen.
4. Mehr als 10.000 getestete Tiere der Rasse American Quarter Horse.

Erhebung GYS1-Genvariante mit Verteilung des Genotyps bei mehr als 1.000 getesteten Pferden pro Rasse. Quelle: Laboklin GmbH & Co. KG (Grafik: Tina Löffler)

Nutzen Gentest in der Pferdezucht (QH)

	N/N	N/PSSM	PSSM/PSSM
2012/2013	88,6%	11,3%	< 0,1%
2020/2021	93,0%	6,9%	< 0,1%

Die Anzahl der getesteten Tiere war für beide Zeiträume größer als 1.000.

Verteilung der Genotypen – Ergebnisse der eigenen Erhebung

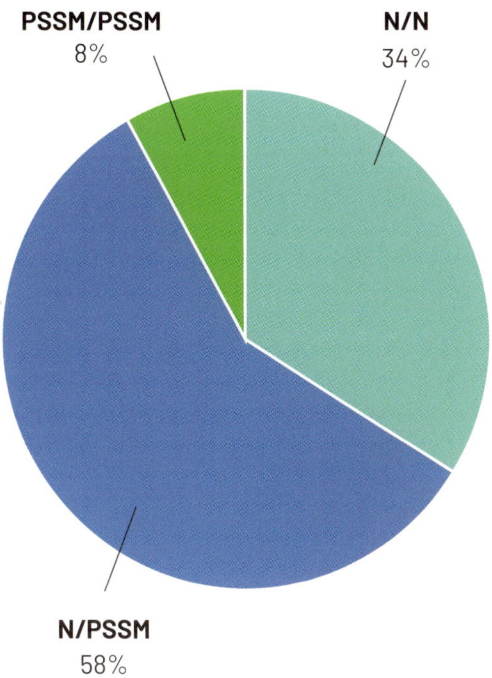

Von 386 getesteten Pferden sind 254 Pferde Einzel- oder Doppelgenträger der PSSM. Bei 132 getesteten Pferden konnte keine GYS1-Mutation nachgewiesen werden. *(Grafik: Tina Löffler)*

Symptome: PSSM hat viele Gesichter

Da PSSM eine genetische Erkrankung der Muskulatur ist, treten die Symptome vor allem im Bewegungsapparat auf. Es können aber grundsätzlich alle Symptome auftreten, die im weitesten Sinne mit der Skelettmuskulatur zu tun haben. Der Kreuzverschlag und/oder Schub ist dabei nur die Spitze des Eisbergs. Die generelle Symptompalette reicht von subtilen Zeichen, wie

- einer kaum wahrnehmbaren Grundsteifheit,
- einer mangelnden generellen Bewegungsfreudigkeit,
- einem häufig erhöhten Muskeltonus,
- auffällig ruhigem Verhalten oder
- erhöhter Empfindlichkeit gegenüber Kälte,

bis hin zu offensichtlichen Zeichen, wie

- häufigen oder dauerhaften Verspannungen, insbesondere im Bereich der großen Muskelgruppen mit einhergehender Berührungsempfindlichkeit,
- häufigem Stolpern,
- wechselnder Lahmheit ohne spezifischen Grund,
- häufigem Stehenbleiben während des Trainings,
- schnellem Ermüden trotz eigentlich guter Grundkonstitution und -kondition.

Eigentlich arbeitswillige und motivierte Pferde wirken plötzlich kraft- und lustlos.

Die Bilder zeigen die vielen Gesichter der PSSM. Von gar keinen Symptomen (1) über plötzliches übermäßiges Schwitzen (2), eine sägebockartige Haltung (3) hin zum Festliegen und Nicht-alleine-stehen-Können (4).

2

(Foto: Shutterstock/Silvastrings)

1

(Foto: Larissa Schmidt)

3

(Foto: Saskia Limbeck)

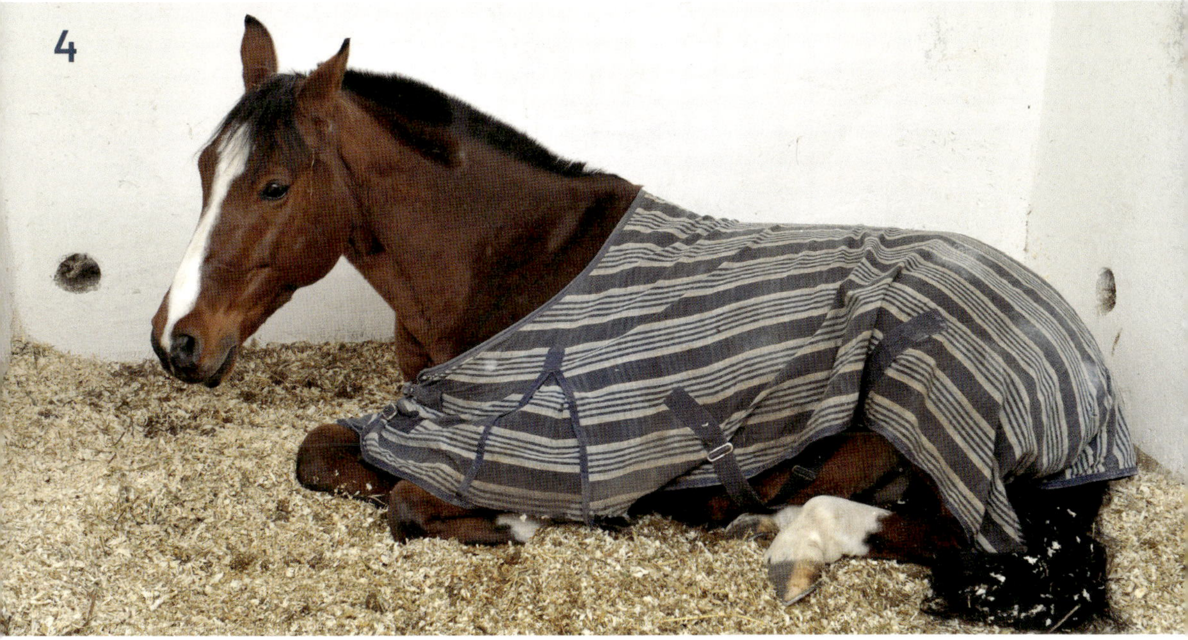

4

(Foto: Shutterstock/Mykola59)

DIE SYMPTOME IM AKUTEN SCHUB

Im akuten Schubgeschehen können sich die Symptome je nach Schwere des Schubs aufbauen. Die ersten Anzeichen setzen häufig 20 bis 30 Minuten nach Beginn der Bewegung ein. Genauer gehen wir darauf ab Seite 74 ein.

Wenn Pferde bereits einen oder mehrere Schübe durchgemacht haben, also an der PSSM erkrankt sind, werden die Symptome oft deutlicher. Neben den bereits aufgezählten Symptomen, die sich in der Regel verstärken, kann es durch die wiederkehrende bzw. andauernde Schädigung der Muskelfasern zudem zu

- lokalem, auch asymmetrischem oder generalisiertem Muskelabbau,
- Gangbildanomalien, wie Hahnentritt, Shivering oder auch ataktischen Bewegungsmustern und auch
- Abmagerung

kommen.

Mehrfache Schübe hinterlassen meist deutliche Spuren in Form von Muskelabbau und auch Abmagerung. (Foto: Tina Löffler)

- Die Muskel-, Leber- und gegebenenfalls auch Nierenwerte sind im Blut meist dauerhaft erhöht.

Die vielfältigen Symptome machen es oftmals schwierig, diese eindeutig der PSSM zuzuordnen. Manch betroffenes Pferd wird deshalb aus Unwissenheit als „faul und stur" bezeichnet, obwohl es mit seinem Verhalten zeigt, dass die Muskeln schmerzen. Andersherum ist aber auch nicht jedes Symptom gleichbedeutend mit einer muskulären Erkrankung. Wann immer Pferde aber wiederkehrende oder dauerhafte Probleme zeigen, sollte eine umfangreiche Diagnostik veranlasst werden. Gerade in Bezug auf die PSSM kann man so rechtzeitig durch entsprechende Maßnahmen im Management gegensteuern, da PSSM eine degenerativ progredient verlaufende Erkrankung ist und sich die Symptome generell häufen und steigern. Andersherum lässt sich sogar oftmals vermeiden, dass sich die Genmutation in einer Erkrankung manifestiert, wenn ein entsprechendes Management dieser Pferde erfolgt. Auch können die Symptome der PSSM durch das Vorliegen anderer Erkrankungen, wie beispielsweise einer Equinen Malignen Hyperthermie (EMH), verstärkt werden.

Die EMH ist eine weitere autosomal-dominant vererbte Erkrankung, die vor allem Quarter Horses und mit Quarter Horses verwandte Rassen betrifft. Bei diesen Pferden ist das Gen RYR1 mutiert. Ob ein Pferd betroffen ist, kann ebenfalls durch einen DNA-Test herausgefunden werden.

An dieser Stelle muss auch noch einmal erwähnt werden, dass viele Pferde die Genmutation in sich tragen, aber (noch) völlig unsymptomatisch sind.

Ablauf eines PSSM-Schubes

Die Pferde bleiben plötzlich stehen, fangen stark an zu schwitzen und zeigen einen ängstlichen Gesichtsausdruck.

↓

Die Muskulatur verhärtet sich insbesondere im Bereich der Rückenmuskulatur, Lenden und Beckengliedmaße. Muskelzittern und -spasmen können auftreten.

↓

Körpertemperatur und Puls können ansteigen. Die Atmung kann sich beschleunigen. Die Schleimhäute können gerötet sein und die Darmgeräusche ausbleiben.

↓

Das Pferd kann eine sägebockartige Haltung einnehmen und bewegt sich nur widerstrebend.

↓

Je nachdem, wie viele Muskelfasern zugrunde gehen, kann der abgesetzte Harn rotbraun bis schwarz gefärbt sein.
-> Myoglobinurie!

↓

In schweren Fällen können die Pferde zum Festliegen kommen.

Bereits bei den ersten Anzeichen, die auf einen akuten Schub hindeuten, sollte weitere Bewegung sofort eingestellt werden. (Grafik: Tina Löffler)

Der Weg zur gesicherten Diagnose

Pferdehalter, die ihr Pferd in der Symptombeschreibung wiederfinden, deren Pferde bereits einen oder mehrere Kreuzverschläge hatten und/oder deren Pferde zu den „verdächtigen" Rassen gehören, möchten in der Regel Gewissheit, ob auch ihr Pferd unter einer erblich bedingten Myopathie leiden könnte.

Zwei Dinge gilt es grundsätzlich zu unterscheiden: Das eine ist der Nachweis, ob das Pferd die für die PSSM verantwortliche Mutation des GYS1-Gens in sich trägt und somit grundsätzlich die Möglichkeit besteht, an der PSSM zu erkranken. Das andere ist, ob und wie weit die Erkrankung beim jeweiligen Pferd bereits fortgeschritten ist.

20 bis 30 Haare bzw. Haarwurzeln reichen für den Test aus. Die Haarwurzel ist das kleine Knötchen am Ende des Haares. (Foto: Tina Löffler)

DER DNA-TEST BRINGT GEWISSHEIT ÜBER DIE ERBANLAGE

Ein einfacher Weg zur Gewissheit, ob das eigene Pferd die Mutation des GYS1-Gens trägt, führt über die Durchführung eines DNA-Tests. Für die Feststellung der genetischen Prädisposition für PSSM Typ 1 bietet das Labor Laboklin einen wissenschaftlich validierten DNA-Test an. Laboklin ist exklusiver Patentinhaber für diesen Gentest in Europa, der im Jahr 2008 an der University of Minnesota entwickelt und im Rahmen von Studien an Quarter Horses, Paint Horses und Appaloosas wissenschaftlich validiert wurde.

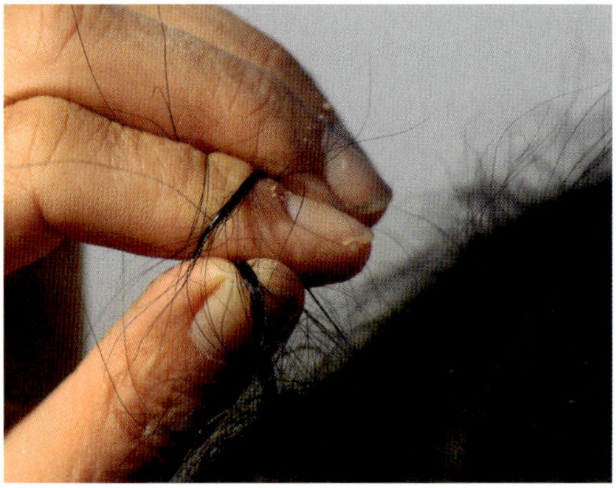

Am besten wickelt man sich eine dünne Strähne um den Finger und reißt diese aus. So sind die Wurzeln garantiert mit dran. (Foto: Tina Löffler)

Für den Nachweis wird genetisches Material benötigt – entweder 0,5 ml EDTA-Blut oder alternativ 20 bis 30 Mähnen- bzw. Schweifhaare mit Haarwurzeln (!). Letzteres bietet sich an, wenn der Pferdehalter den Test auf eigene Initiative veranlassen möchte.

DIE MUSKELBIOPSIE ALS NACHWEIS EINER MANIFESTEN ERKRANKUNG

Auch wenn die Muskelbiopsie von einigen Pferdehaltern mit Sorge betrachtet wird, ist sie der einzige Weg, sicher herauszufinden, ob das Pferd bereits an PSSM erkrankt ist. Natürlich ist eine Biopsie ein invasiver Eingriff. Das Pferd muss hierfür sediert werden und bekommt aus einem oder mehreren Muskeln Gewebeproben entnommen. Im Rahmen der pathologischen Untersuchung werden die Bioptate mit verschiedenen Einfärbungen aufbereitet und untersucht. Dadurch sind unterschiedliche histologische und immunhistologische Untersuchungen möglich. So kann beispielsweise auch der Anteil an Typ-1- und Typ-2-Muskelfasern bestimmt werden, was auch für die Einschätzung der sportlichen Leistungsfähigkeit interessant sein kann. Ist das Pferd an PSSM erkrankt, zeigen sich unter Verwendung einer speziellen Färbetechnik in der histologischen Untersuchung, der sogenannten PAS-Reaktion, vermehrte Glykogen-Anhäufungen und abnormal verkettete Polysaccharide unter dem Mikroskop. Je dunkler die Einfärbung, desto mehr abnormal verkettete Polysaccharide sind in der Muskulatur gespeichert. Häufig wird der Biopsie nachgesagt, dass diese nur im akuten Schub ein aussagekräftiges Ergebnis liefere. Für die PSSM ist das nicht der Fall. Das abnorme Polysaccharid verbleibt immer im Muskelgewebe und nimmt auch im Laufe der Zeit nicht vollständig ab, auch nicht nach dem Abklingen eines akuten Schubes.

Dennoch gibt auch der pathologische Befund ohne das Ergebnis des DNA-Tests keinen alleinig eindeutigen Hinweis auf die GYS1-Mutation. Denn im Rahmen der verschiedenen Studien zur PSSM wurde herausgefunden, dass es durchaus pathologische Befunde einer PSSM bei Pferden gibt, deren DNA-Test aber ausweist, dass sie homozygot gesund (reinerbig N/N – keine GYS1-Mutation) sind.

Das Ergebnis einer Muskelbiopsie ist von vielen Faktoren abhängig. Zum einen müssen die Proben sorgfältig chirurgisch entnommen und bestimmte Anforderungen an Verpackung und Versand erfüllt werden. Auch der Zeitpunkt der Biopsie kann insbesondere bei Myopathien, die nicht auf die GYS1-Mutation zurückzuführen sind, sehr entscheidend sein. Standardmäßig werden solche Proben meist aus der Hinterbackenmuskulatur links und rechts der Schweifrübe, den Muskeln

Pro und kontra Test

Der DNA-Test weist nur die Prädisposition für eine Erkrankung nach. Er sagt also nur aus, ob das Pferd Einzel- oder Doppelgenträger ist. Nicht aber, ob das jeweilige Pferd auch an der PSSM erkranken wird. Gerade für die Zucht und für das Management ist die Kenntnis über den Genstatus aber sehr wichtig.

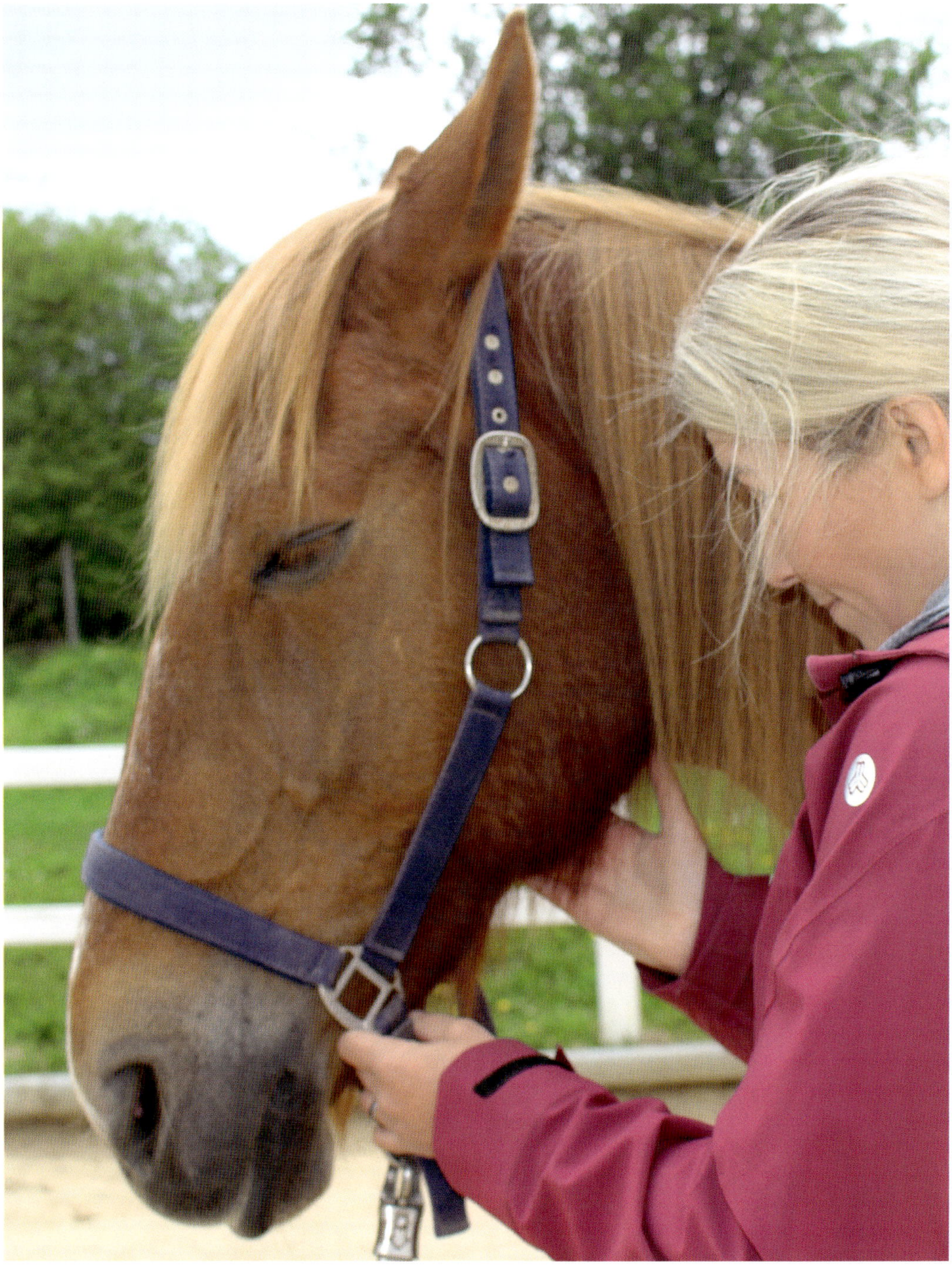

Der Puls wird an der Arterie des Unterkieferrandes/Ganaschenwinkels gemessen. Die Arterie fühlt sich an wie ein Regenwurm unter der Haut. (Foto: Jennifer Fuchs)

semintendinosus und semimembranosus, entnommen. Grundsätzlich ist wichtig zu wissen, dass nicht jeder Veterinär Muskelbiopsien durchführt, erst recht nicht an der Glutealmuskulatur. Es gibt aber eine Reihe von Tierärzten für Pferde, die aufgrund ihres hohen persönlichen Interesses an der Erforschung Equiner Myopathien mittlerweile große Erfahrung mit Biopsien zum Nachweis von Myopathien haben und eng mit Pathologen zusammenarbeiten. Sie empfehlen, die Biopsie an der tiefen Glutealmuskulatur des Pferdes durchzuführen. Dies sei aufschlussreicher, wenn auch schwieriger für den Tierarzt zu präparieren. Sowohl einem DNA-Test als auch einer Biopsie sollte immer eine umfangreiche klinisch-orthopädische Untersuchung und eine labormedizinische Diagnostik vorausgehen.

ALLGEMEINE KLINISCHE UNTERSUCHUNG

Zu einer allgemeinen Untersuchung gehören die Adspektion im Stand, die Überprüfung der Vitalparameter (PAT-Werte = Puls, Atmung, Temperatur) und die Bewegungsanalyse in allen drei Gangarten. Bei der Adspektion im Stand wird das Pferd von Kopf bis Fuß begutachtet und mit dem Auge auf Auffälligkeiten untersucht. So sieht man beispielsweise, ob die Muskulatur auf beiden Seiten symmetrisch ist oder möglicherweise Defekte und/oder Narben aufweist. Zudem wird das Pferd in der Bewegung begutachtet. Das geschieht auf gerader Strecke im Schritt und im Trab, an der Longe in allen drei Grundgangarten. Auffälligkeiten im Gangbild oder sogar Lahmheiten werden zur Kenntnis genommen. Bei der palpatorischen Untersuchung wird das ganze Pferd mit den Händen untersucht. So lassen sich Auffälligkeiten in der Muskulatur und Blockaden erspüren und Temperaturunterschiede fühlen, die auf einen akut entzündlichen Prozess hinweisen können.

LABOR- UND BELASTUNGSDIAGNOSTIK

Diese erste Befundaufnahme wird häufig ergänzt durch entsprechende weiterführende Labor- und Belastungsdiagnostik. Ein großes Blutbild inklusive Blutchemie und gegebenenfalls auch Vitamin-E-Bestimmung sollte veranlasst werden.

PAT-Werte

Jeder Pferdehalter sollte Puls, Atmung und Temperatur bei seinem Pferd messen können und dessen Werte im gesunden Zustand kennen. Zwar gibt es Referenzspannen, dennoch kann das eigene Pferd andere Normalwerte haben. Die PAT-Werte sind nämlich von verschiedenen Faktoren wie Pferdetyp, Konstitution, Vorerkrankungen, Trainingslevel und Temperatur- und Wetterbedingungen abhängig. Kennt der Pferdehalter die Normalwerte seines Pferdes, kann er dem Tierarzt damit einen wichtigen Hinweis bei der Diagnostik geben.

Puls: 28–40 Schläge pro Minute

Atmung: 8–12 Atemzüge pro Minute

Temperatur: 37,5–38,2 Grad

Der Weg zur gesicherten Diagnose

Generell raten wir immer dazu, den Tierarzt und/oder Therapeuten einzubeziehen, denn letztendlich sollte immer das Gesamtbild aus Symptomen, die der Tierhalter beobachtet, Befunden der klinischen Diagnostik und schlussendlich dem Ergebnis aus dem Gentest in eine Diagnose einfließen. So werden auch mögliche Differenzialdiagnosen näher untersucht und bewertet. Eine umfassende Diagnostik beginnt nach unserem Verständnis nicht mit einem DNA-Test, sondern immer mit der Anamnese, der allgemeinen Diagnostik und führt zur weiterführenden Diagnostik. Wer sich zu sehr auf den Genstatus des Pferdes versteift, läuft Gefahr, mögliche weitere Ursachen zu übersehen. Denn viele Erkrankungen zeigen durchaus ein ähnliches Symptombild.

Tatsächlich ergibt nur ein Vierklang aus

- klinischer (und orthopädischer) Untersuchung,
- weiterführender labormedizinischer Diagnostik,
- DNA-Test und
- Biopsie

ein vollständiges Bild, insbesondere im Hinblick auf die so wichtige Differenzialdiagnostik. Nicht immer ist alles erforderlich. Aber gerade, wenn der Befund unklar ist, der DNA-Test möglicherweise negativ war, sollte unbedingt in die vollständige Diagnostik investiert werden. Dazu gehört nicht nur eine Bestandsaufnahme zu Beginn, sondern jeweils auch eine Verlaufskontrolle, vier bis sechs Wochen nachdem Parameter verändert wurden.

Besonderes Augenmerk wird dabei auf die Blutwerte gelegt, die eine Aussage über den Muskel-, Leber- und Proteinstoffwechsel liefern. Bei der Belastungsdiagnostik werden die Muskelwerte einmal vor der Belastung, einmal nach 15 bis 20 Minuten leichter Trabarbeit und noch einmal drei bis vier Stunden nach der Belastung bestimmt.

FITNESSTEST FÜR ZU HAUSE

Ergänzend und für den Hausgebrauch sehr zu empfehlen, bietet sich der Fitnesstest über Pulsmessung an. Hierbei wird zunächst der Ruhepuls bestimmt. Anschließend wird das Pferd je fünf Minuten an der Longe auf jeder Hand getrabt. Zwischen den Trabphasen liegen je fünf Minuten Regenerationsphase, in der der Puls jeweils nach 30 Sekunden, nach zwei Minuten und noch einmal nach fünf Minuten am Ende der jeweiligen Regenerationsphase gemessen wird. Bei jeder Messung sollte der Pulswert stetig fallen. Nach fünf Minuten sollte er wieder das Ruhepulsniveau erreicht haben. Passiert das nicht, deutet das auf eine Problematik hin, die untersucht werden sollte. Verhält sich der Fitnesstest auf einer Hand anders als auf der anderen Hand, kann das auf Schmerzen und eine (noch) nicht offensicht-

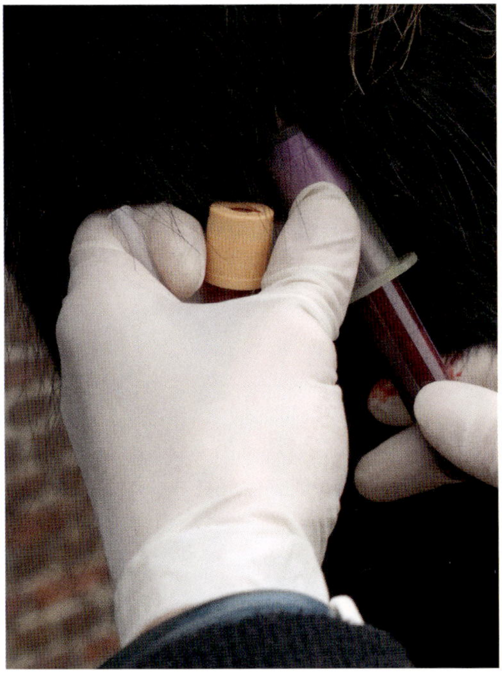

Wir empfehlen unseren Patienten und Kunden, als Teil der Gesundheitsvorsorge einmal jährlich auch bei gesunden Pferden ein Blutscreening durchführen zu lassen. *(Foto: Shutterstock / Henk Vrieselaar)*

> ### Achtung Hämolyse!
>
> Der natürliche Zerfall einer Blutprobe kann je nach Probenmaterial bereits auf dem Transport zum Labor verschiedene verfälschte Werte auslösen. Gerade bei hohen Temperaturen und nicht stabilisierten Proben werden z. B. die Muskelenzyme Kreatinkinase (CK) und Laktatdehydrogenase (LDH) oft bereits außerhalb der Norm abgebildet. Ebenso wirken sich Stress und allgemein Muskelanstrengung auf diese Werte aus.
> Möglichst viel Ruhe bei der Blutabnahme, kein Toben oder intensives Training vorab sowie eine stabilisierte und gegebenenfalls gekühlte Probe, die zügig im Labor ankommt, sichern ab, dass aussagekräftige Werte erzielt werden.

liche Lahmheit/Problematik im Bewegungsapparat hinweisen.

LABORDIAGNOSTIK – BERICHT UND ERFAHRUNGEN AUS DER PRAXIS

Wir bekommen in der Praxis häufig Laborbefunde mit der Frage vorgelegt, ob sich daraus erkennen lasse, dass das Pferd eine PSSM habe. Weder die PSSM Typ 1 noch andere genetisch bedingte Myopathien lassen sich diagnostisch rein über Blutwerte abklären. Eine Genmutation kann nur über einen Gentest nachgewiesen werden. Gleichwohl gibt es Parameter, die bei PSSMlern häufiger auffällig sind. Vor allem Pferde, die auch als symptomatisch beschrieben werden, haben unter anderem dauerhaft leicht erhöhte Muskelwerte und eine latent belastete Leber. Pferde mit anderen Myopathien zeigen des Öfteren niedrige Harnstoff-, Gesamteiweiß-, Mangan- und Vitamin-E-Level. Immer sollte auch abgeklärt werden, ob diese Veränderungen tatsächlich myopathiebedingt sind. Verschiedene Versorgungsmängel selbst können unabhängig von vorliegenden Muskelerkrankungen zu auffälligen Werten führen.

In einem akuten Schub sind vor allem die Muskelwerte Kreatininkinase (CK) und Laktatdehydrogenase (LDH) exorbitant erhöht. Teilweise so hoch, dass die Bestimmung nur erfolgen kann, wenn die Probe entsprechend verdünnt wird. Die gute Nachricht ist: Hier gilt nicht das Prinzip „Je höher die Werte, umso schlimmer war der Schub". Selbst von hohen fünfstelligen Werten kann sich ein Pferd innerhalb kurzer Zeit vollständig erholen. Im Nachgang zum akuten Schub zeigen sich die Nieren und vor allem die Leber stark belastet.

PSSM-Pferde in artgerechter Haltung zeigen deutlich seltener Schübe. *(Foto: Shutterstock / Jeanne Provost)*

Blutparameter im Überblick

Großes Blutbild

Großes Blutbild
Erythrozyten
Hämatokrit
Hämoglobin
MCV / MCH / MCHC
Leukozyten
Thrombozyten
Monozyten
Lymphozyten
Granulozyten
- segmentkernige
- stabkernige
- eosinophile
- basophile

Leber

Aspartat-Aminotransferase (AST, früher GOT)
Alkalische Phosphatase
Gamma-Glutamyl-Transferase (g-GT)
Glutamatdehydrogenase (GLDH)
Bilirubin (gesamt)

Niere

Harnstoff
Kreatinin
Symmetrisches Dimethylarginin (SDMA)

Proteinstoffwechsel

Albumin
Globuline
Gesamteiweiß

Mineralstoffe

anorganisches Phosphat
Kalium
Natrium
Calcium
Magnesium
Eisen
Zink
Kupfer
Selen
Mangan

Muskulatur

Kreatinkinase (CK)
Laktatdehydrogenase (LDH)

Stoffwechsel

Glukose
Cholesterin
Triglyceride

Die zusätzliche Bestimmung von Vitamin E kann unter bestimmten Umständen ebenfalls sinnvoll sein.

Das jährliche Blutscreening sollte diese dargestellten Werte umfassen. *(Grafik: Tina Löffler)*

DRITTER TEIL

Management von Pferden mit PSSM

Wesentliche Stellschrauben im Management

Wie in den vorherigen Abschnitten bereits mehrfach erwähnt, ist eine Genmutation als solche zwar nicht reversibel, über das richtige Management aber positiv beeinflussbar. Optimal eingestellt, können PSSMler klinisch unauffällig und normal leistungsfähig sein.

Natürlich sind die Ernährung, die Haltung und das Bewegungsmanagement die wesentlichen Stellschrauben, um ein Pferd langfristig gesund zu erhalten. Wir möchten aber noch mehr mit auf den Weg geben – etwa Aspekte, die sich begünstigend oder auch negativ auswirken können und Tipps, wie man seinem Pferd noch mehr Gutes tun kann. In diesem Teil des Buches gehen wir auf die einzelnen Komponenten des Managements noch einmal näher ein.

ERNÄHRUNG: KOHLENHYDRATE REDUZIEREN – RATION BILANZIEREN

Da die PSSM eine Erkrankung des Zuckerstoffwechsels ist, liegt nahe, dass auf die Zufuhr von Zucker das größte Augenmerk zu legen ist. Die wichtigste Fütterungsregel lautet deshalb: Bei Grund- und Zusatzfutter sollte ein NSC-Höchstgehalt von zehn bis zwölf Prozent nicht überschritten werden. NSC steht für „Nonstructural Carbohydrates", (engl. nicht strukturierte Kohlenhydrate), also die Summe aus Zucker, Stärke und Fruktan. Hintergrund ist, dass bereits bei leicht höherem Gehalt eine erweiterte Insulinantwort stattfindet, die wiederum die vermehrte Einlagerung des Speicherzuckers Glykogen in der Muskulatur triggert und somit eine Verschlechterung der Symptome auslösen kann.

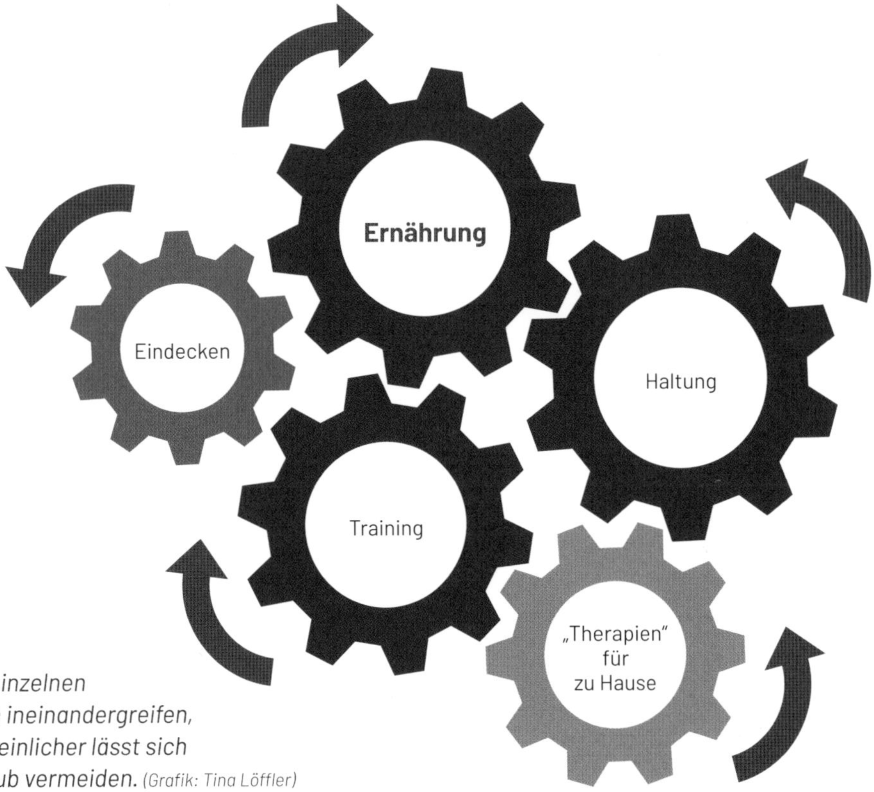

Je besser die einzelnen Stellschrauben ineinandergreifen, desto wahrscheinlicher lässt sich ein akuter Schub vermeiden. *(Grafik: Tina Löffler)*

Da Raufutter, und hier insbesondere Heu, den Löwenanteil einer Ration ausmacht, sind dessen Inhaltsstoffe und Nährwerte natürlich von großer Bedeutung für eine Rationsplanung. Wir empfehlen daher die Durchführung einer Heuanalyse. Nur so kann der Gehalt an Kohlenhydraten zuverlässig ermittelt werden und ebenso der Anteil von Energie, Protein und Mineralien. Je nach Region, Gräsermischung, Düngung und Schnittzeitpunkt können die Gehalte derartig unterschiedlich sein, dass eine Berechnung auf Basis von Durchschnittswerten aus unserer Sicht nicht ausreichend ist.

Zusätzlich kann auch Pferden mit PSSM die Ration mit Stroh aufgewertet werden. Ist es gut ausgedroschen und sind keine Getreidereste mehr vorhanden, ist es in der Regel unproblematisch für PSSM-Kandidaten.

Wie tolerant betroffene Pferde auf Weidegang und die damit verbundene Grasaufnahme reagieren, ist dahingegen individuell sehr unterschiedlich. Abhängig von Jahreszeit, Ansaat und Aufwuchs können sich hier Restriktionen für Pferde mit PSSM ergeben. Meist gestaltet sich vor allem die Phase des Anweidens kritisch. Neben eingeschränkten Weidezeiten kann eine Fressbremse nützlich sein. Überständige, abgeblühte Flächen im fortgeschrittenen Sommer gelten als weithin unproblematisch.

Betroffene Tiere reagieren auf (falsche) Fütterung meist in direktem zeitlichem Zusammenhang auffällig. Frisches Frühlingsgras kann z. B. innerhalb weniger Stunden eine sichtbare Steifheit oder sogar einen Schub auslösen. Bei Limitierung der Aufnahme von Kohlenhydraten tritt wiederum auch innerhalb kurzer Zeit eine Besserung der Symptome auf.

Krippenfutter sollte grundsätzlich nur zum Einsatz kommen, wenn der Bedarf an Energie und Protein nicht allein durch das Grundfutter gedeckt werden kann. Das gilt für alle Pferde, nicht nur für solche mit PSSM. Auch hier sollte der NSC-Höchstgehalt von maximal zwölf Prozent eingehalten werden. Häufig hilft die Nachfrage beim Hersteller, wenn Zucker, Stärke und Fruktan nicht angegeben sind. Vorsichtshalber sollte ein anderes Futtermittel gewählt werden, falls die Werte nicht bekannt sind. Eine gute Energiequelle ohne jegliche Kohlenhydrate ist Öl. Da 50 Milliliter Öl aber mit zwei Megajoule Kalorien zu Buche schlagen, ist es nur bei einem Energiedefizit in der Ration empfohlen. Dies darf nicht pauschal betrachtet werden, auch wenn bei PSSM immer wieder fettreiche Rationen empfohlen werden. Die Grundversorgung mit Nahrungsfetten erfolgt über das Raufutter. Wichtig ist, bei der Auswahl des Öls auf ein gutes Fettsäuremuster zu achten, Öl langsam anzufüttern und es mit der Zufuhr nicht zu übertreiben.

Grünhafer – Einzelfuttermittel für Pferde

Zusammensetzung: Grünhafer pelletiert

Analytische Bestandteile:
Rohprotein: 5,0%
Rohfett: 2,5%
Rohfaser: 23%
Rohasche: 2,3%
Trockensubstanz: 89,9%
Calcium: 0,32%
Phosphor: 0,30%
Magnesium: 0,14%
Natrium: 0,06%
Kalium: 1,39%

Stärke: 9,4%
Zucker: 7,3%
Fruktan: 2,4%

(Fotos: Shutterstock: Roman Ivaschenko, Isak 55)

umsetzbare Energie: 6,4 MJ/kg

praecaecal verdauliches Rohprotein: 3,3%

Fütterungsempfehlung:
als Ergänzung zur Heuration
für Ponys (0,1 – 0,8 kg) und Großpferde (0,5 – 4 kg)

Es wird empfohlen, die Pellets vor der Fütterung mindestens 30 Minuten lang einzuweichen.

Oft muss der Halter den NSC-Gehalt aus den Angaben des Herstellers selbst errechnen. (Grafik: Liza Gerber)

Die Sache mit dem Chrom – Gift für Pferde mit PSSM Typ 1?

Da PSSM Typ 1 mit einer erhöhten Insulinempfindlichkeit einhergeht, könnte eine Chromergänzung bei diesen Pferden kontraproduktiv sein. Allerdings gibt es keine Untersuchungen, die jemals einen expliziten Zusammenhang zwischen gezielter Chromergänzung und dem vermehrten Auftreten von Schüben herausgearbeitet hätten. Erwiesen ist nur, dass Chrom in bestimmten Dosierungen die Insulinsensitivität verbessert und daher auch z. B. bei EMS therapeutisch eingesetzt wird.
Chrom ist ein essenzielles Ultraspurenelement und in die Regulation des Kohlenhydrat- und Fettstoffwechsels eingebunden. Als Bestandteil des sogenannten Glukosetoleranzfaktors sorgt Chrom dafür, dass Glukose aus dem Blut in die Zellen aufgenommen werden kann. Insofern haben alle Pferde einen natürlichen Bedarf an Chrom – auch die mit einer GYS1-Mutation. Explizite Versorgungsempfehlungen lassen sich nicht klar eruieren. Es gibt unterschiedliche Quellen mit sehr unterschiedlichen Angaben. Das mag dem Umstand geschuldet sein, dass Chrom kein zugelassener Futtermittelzusatzstoff ist, insofern nur nativ in Form von chromhaltigen Pflanzen und Kräutern zu finden ist. Die Versorgung mit Chrom scheint zudem unter normalen Fütterungsbedingungen ausreichend zu sein.
Zusammenfassend lässt sich unseres Erachtens sagen, dass bei Pferden mit einer GYS1-Mutation zwar auf eine übermäßige Zufuhr von chromhaltigen Futtermitteln und Kräutern sicherheitshalber verzichtet werden sollte, aber nicht gänzlich. Unter normalen Fütterungsbedingungen lässt sich vermutlich keine „PSSM-kontraindizierte" Chromzufuhr herstellen. Wie Paracelsus schon wusste, macht die Dosis das Gift.

Neben Makronährstoffen wie Kohlenhydraten, Eiweiß und Fett spielt auch die Versorgung mit Mikronährstoffen, zu denen wir Mineralien und Vitamine zählen, eine große Rolle. Pferde mit Myopathien haben in bestimmten Bereichen erhöhte Bedarfe. Es sollte vor allem auf die Magnesiumversorgung im Verhältnis zu Calcium geachtet und möglicherweise nötige höhere Bedürfnisse an Vitamin E, Mangan und Selen berücksichtigt werden – auch hier gilt, dass immer der individuelle Fall betrachtet werden muss.

Leider nehmen wir hier insbesondere in Zusammenhang mit Equinen Myopathien aktuell einen Trend zur unreflektierten Zufütterung einzelner Komponenten wahr. Das kann sehr gefährlich werden, denn der Grat zwischen nutritivem und therapeutischem Nutzen auf der einen Seite und möglicher Toxizität auf der anderen Seite ist manchmal sehr schmal. Auch gilt zu berücksichtigen, dass sich die Elemente wechselseitig beeinflussen und sich die Versorgung nicht 1:1 im Blutserum widerspiegelt. Die Basis

der Fütterung ist immer die Analyse der Grundfuttermittel.

PFERDEHALTUNG: DIE BEWEGUNG MACHT'S

Der zweite Eckpfeiler zur Gesunderhaltung von Pferden mit PSSM ist die angepasste Haltung. Alleine über die Haltungsform ist eine grundsätzliche Besserung der Symptome zu erreichen. Ursächlich hierfür ist vor allem die positive Beeinflussung des Energiestoffwechsels durch ausreichende Bewegung. Eine reine Boxenhaltung ist daher grundsätzlich abzulehnen.

Gegenüber Haltungsformen mit nur stundenweisem Auslauf, in denen ein tägliches Bewegungsprogramm für Ausgleich sorgen

Es muss nicht zwangsläufig Weidegang sein. Jede Form von Laufhaltung hat viele Vorteile für Myopathie-Pferde.

(Foto: Shutterstock / Rita Kochmarjova)

muss, haben Haltungskonzepte, die die natürliche Bewegung von Pferden fördern, einen großen Vorteil. Pferdegerechte Aktivställe oder Paddocktrails werden daher als ideale Haltungsform für PSSMler angesehen. In diesem Teil des Buches gehen wir genauer auf die verschiedenen Haltungsformen und deren Eignung für Pferde mit PSSM ein.

TRAINING: BEWEGUNG NACH PLAN

Egal, wie ideal Haltungsform und angepasste Fütterung gestaltet sein mögen, auch beim Training gilt es, in Hinblick auf die PSSM bestimmte Regeln einzuhalten. Je geringer sich der Umfang des täglichen Freilaufes gestaltet, umso umfangreicher muss gezielte Muskelarbeit stattfinden. Der besondere Fokus in der Arbeit bei Pferden mit PSSM liegt auf einer ausreichend langen und stressfreien Aufwärmphase, da an diesem Punkt die größte Gefahr für Schübe besteht. Regelmäßige Dehnungspausen nach Intervallen von versammelnden Lektionen sind ebenso wichtig. Auch der Cooldown in Form einer längeren Schrittphase oder wahlweise das Trockenführen an der Hand sollten ausreichend Beachtung finden. Das gewährleistet den Abtransport der entstandenen Stoffwechselprodukte wie z. B. Laktate. Das Trainingspensum gleichmäßig über die Woche zu verteilen, wird ebenfalls angeraten. Leistungsspitzen sollten gut vorbereitet sein. Um den Trainingszustand des jeweiligen Pferdes herauszufinden und zu verbessern, kann das Training mittels Pulsuhr hilfreich sein. Gut trainiert, sind auch Pferde mit PSSM voll leistungsfähig und können selbst den Einsatz bei Distanzen und im höheren Sport meistern.

Wie bereits erwähnt, liegt der Schlüssel für symptomfreie und gesunde Pferde in einem täglichen Gleichgewicht von Nährstoffzufuhr und -verbrauch zur Muskelarbeit - sei es in Form von freier Bewegung oder durch gezieltes Training. Nach Schüben sollte mit ausreichend Karenz langsam wieder aufgebaut werden.

STRESSREDUKTION: BEGÜNSTIGENDE FAKTOREN AUSSCHALTEN

Nicht nur Haltung und Fütterung sind essenzielle Faktoren, um Pferde mit PSSM dauerhaft gesund zu erhalten. Auch der Einfluss von Stress verdient besondere Beachtung - denn auch Stress kann ein Trigger akuter Schübe sein.

Grundsätzlich unterscheidet man zwei Arten von Stress. Akuter Stress ist ein kurzfristiger Reiz für eine bestimmte Zeitspanne. Das Pferd reagiert naturgemäß mit Flucht. Die Hormone Adrenalin und Noradrenalin werden ausgeschüttet, um den Energiehaushalt zu stärken. Ist der Reiz verflogen, normalisiert sich der Zustand schnell. Klassische Beispiele für akuten Stress sind visuelle Reize beim Geländeritt oder der Tierarzt-Besuch.

Chronischer Stress hingegen besteht dauerhaft, sodass eine permanente Anspannung entsteht. Eine unharmonische Herde oder dauerhafte Schmerzen sind klassische chronische Stressfaktoren, die zu weiteren Krankheitsbildern führen können. Hier spielt das Stresshormon Cortisol eine tragende Rolle, denn es aktiviert Stoffwechselvorgänge, um Energie für die „Verteidigung oder Flucht" (Fight or Flight) bereitzustellen. An diesem Punkt schließt sich der Kreis zum Stoffwechsel und erklärt, wieso auch Stress zu Schüben führen kann. Unter anderem aktiviert Cortisol nämlich die Aufnahme von Glukose über den Darm in die Blutbahn. Der Blutzuckerspiegel steigt, was wiederum die Insulinausschüttung provoziert, um so die Glukose zu den Zellen zu transportieren. Die Glukose kann dabei als sofort verfügbare Energie genutzt oder eben wieder als Speicherzucker in Leber und Muskulatur eingelagert werden.

Nicht immer sind die Anzeichen von Stress so offensichtlich wie Schweifschlagen, Zittern oder Unruhe. Sie können sehr subtil sein und reichen von Zähneknirschen, allgemein verspannter Muskulatur, verkrampftem Kiefer, „Fältchen" um Augen und Nüstern bis hin zu auffällig schnellem und starkem Schwitzen, Verlust des Appetits oder ständigen Erkrankungen wegen eines geschwächten Immunsystems. Auch häufiges Gähnen kann Schmerzen anzeigen. Schmerzen wiederum bedeuten automatisch Stress. In der Praxis sehen wir etwa Fälle, in denen PSSMler von einer akuten Rehe in einen PSSM-Schub geraten aufgrund der Schmerzen und des daraus entstehenden Stresses.

Wie aber minimiert man Stress für ein betroffenes Pferd? Es empfiehlt sich, so viel Routine wie möglich einzuhalten. Je sensibler ein Tier, desto stärker reagiert es auf ungewohnte Veränderungen seines Tagesablaufes. Aber Achtung, denn auch wenn es paradox klingen mag, ist Langeweile ein ebenso klassischer Auslöser für Stress. Nicht nur längere Boxenruhe, beispielsweise aufgrund einer Verletzung, sondern auch immer gleiche eintönige Trainingseinheiten stressen Pferde.

Viele akute Stresssituationen lassen sich vermeiden oder über regelmäßiges Üben ab-

Vertrauen zwischen Pferd und Reiter ist in Stresssituationen hilfreich. (Foto: Janina Rein Photography)

mildern. Ruhige Ausritte mit erfahrenen Zweitpferden geben Routine im Gelände. Bodenarbeit stärkt die Kommunikation und das Vertrauen. Hängerfahren kann regelmäßig geübt werden, und selbst den Tierarztbesuch kann man positiv verknüpfen. Wichtig ist zudem, dass der Halter selbst in Stresssituationen ruhig bleibt und wenig zusätzlichen Stress von sich auf das Tier überträgt.

Etwas herausfordernder wird es bei der Vermeidung von chronischem Stress. Die Herdengröße in Kombination mit einem zu geringen Platzangebot und fehlenden Raufutter-Plätzen ist der häufigste Stressfaktor in Offenställen und Ausläufen. Zu geringe Raufuttermengen, zu kurze Fresszeiten und/oder zu lange Fresspausen sind ein weiterer häufiger Grund. Schlafmangel stresst Pferde, wenn aufgrund verschiedener Faktoren nicht ausreichend Zeit im Tiefschlaf verbracht werden kann. Unentdeckter Dauerschmerz, beispielsweise aufgrund einer Myopathie, kann zu Folgeerscheinungen wie Magengeschwüren führen. Und auch Hormone spielen eine große Rolle in der individuellen Stress-Resilienz eines Tieres.

So verlangt ein erfolgreiches Stressmanagement nicht selten vom Halter einen langen Atem bei der Ursachenforschung und die Bereitschaft, dem Pferd zuliebe Dinge grundlegend zu ändern. Nicht immer ist der nächstgelegene Stall der richtige und nicht jedes Pferd ist automatisch glücklich im Offenstall.

Bestens unterstützt – Eindecken

Immer wieder in unserer Arbeit stellt man uns die Frage, ob es nötig sei, ein Pferd mit PSSM einzudecken. Viele Halter vertrauen der Natur und der Fähigkeit ihrer Pferde, mittels Thermoregulation Witterungsverhältnissen zu trotzen, dennoch möchten sie ihrem Tier natürlich die bestmögliche Unterstützung bei möglichen Beschwerden bieten. Deshalb kann man die Frage nach dem Eindecken auf keinen Fall klar mit einem Ja oder Nein beantworten. Vielmehr lautet die Antwort: Es kommt darauf an.

Die equine Komfortzone umfasst den sehr weiten Temperaturbereich von minus 15 bis plus 25 Grad. Davon kann Homo sapiens nur träumen. Wohl auch deshalb vermenschlichen wir zu gern. Equiden sind Meister der Anpassung. Während im Sommer über die Schweißdrüsen, Atmung und Konduktion (Wärmeleitung) das System gekühlt wird, sorgt im Winter ein Zusammenspiel aus optimiertem Stoffwechsel und verlangsamtem Herzschlag für mehr „Heizleistung" und weni-

Gesunde Pferde sind bestens gewappnet gegen jede Art von Witterung.
(Foto: Shutterstock/makieni)

Fit für den Winter

Thermoregulation muss trainiert werden – und das täglich. Nur wer Reizen wie Wind und Wetter ausgesetzt ist, kann richtig funktionieren. Pferde aus (vorwiegender) Boxenhaltung verlieren diese Fähigkeit und können sich nicht mehr dauerhaft selbst schützen. Tageweises Eindecken bei einzelnen extremen Witterungsverhältnissen ist hingegen kein Problem. Auch lässt sich Haarwachstum nicht durch vermehrtes Frieren ankurbeln. Haarmenge und Dichte sind genetisch festgelegt.

ger Wärmeverlust. Das dichte, aufgestellte Winterfell schafft ein wärmendes Luftpolster. So lange ausreichend Raufutter zur Verfügung steht sowie Schutz vor Regen, Schnee und Wind vorhanden ist, muss man sich um ein gesundes Pferd mit ausreichend Winterfell keine Sorgen machen. Es übersteht auch härtere Winter problemlos.

Ab wann es einem Pferd tatsächlich zu kalt ist und die Thermoregulation nur unzureichend funktioniert, hängt von verschiedenen Faktoren ab: Wie hoch ist der Körperfettgehalt? Wie dicht ist rassebedingt das natürliche Winterfell? Gibt es ausreichend Raufutter als „Brennstoff"? Ausreichend Wetterschutz auf Weide und Auslauf? Dazu mag es die Muskulatur gern warm, und so kann Eindecken tatsächlich bei symptomatischen PSSM-Pferden zu einer deutlichen Verbesserung beitragen.

Grundsätzlich gilt: Wer friert, braucht eine Decke. Zittert ein Pferd merklich, ist das ein deutliches Anzeichen, dass etwas nicht stimmt. Pferde zittern sich nicht, wie lange angenommen, warm, ihnen ist in diesem Moment tatsächlich kalt. Auskühlung ist nicht nur für die Muskulatur ein Problem, sondern auch für das Verdauungssystem. Verliert ein Tier an Gewicht, fällt die Leistung ab, wird die Muskulatur hart und/oder zittert es, kann Eindecken sinnvoll sein. Bei Myopathie-Pferden sehen wir zusätzlich bei markanten Temperaturen oft eine deutlich stärkere Ausprägung der Symptome.

Jeder Halter muss für sich selbst herausfinden, was dem eigenen Pferd guttut. Dabei darf man eine gesunde Portion Vertrauen in die Natur haben. Umgekehrt ist es allerdings auch unnötig, ein bisher in Hinblick auf das Wetter unempfindliches und unsymptomatisches Pferd präventiv einzudecken. Wer vor allem in Jahreszeiten mit markanter Wetterlage sein Pferd zunehmend verspannt sieht, sollte die Vorzüge einer Decke testen. Nasse Kälte ist meist das größere Problem, trockene Kälte vertragen Pferde deutlich besser.

Selbstredend müssen Pferde, deren Halter sich aus verschiedenen Gründen für eine volle Schur entscheiden, eingedeckt werden.

Eindecken kann bei PSSM-Pferden helfen, Symptome zu minimieren. (Foto: Shutterstock / Tomasz Koryl)

Bestens unterstützt – Therapien für zu Hause

Dauerhaft steif in der Bewegung, nicht sonderlich bewegungsfreudig und verspannt im Bereich der großen Muskelgruppen – so werden Pferde mit PSSM häufig beschrieben. Gut also, wenn der betroffene Pferdehalter eine Reihe von Maßnahmen kennt, mit denen er sein Pferd bestmöglich unterstützen kann. Im besten Fall erfolgt eine solche Unterstützung nicht erst in der Phase der Rehabilitation, sondern bereits im Alltag als proaktive Gesundheitsförderung – etwa als Wellnesseinheit, vor dem Training oder auch danach, um dann den schnelleren Abtransport von Abfallprodukten, die beim Training entstehen, zu fördern.

MASSAGEN

Die Massage ist eine der ältesten Heilmethoden überhaupt und ein wahres Multitalent. Je nach Ausführung können Massagen schmerzlindernd, beruhigend, anregend, lymphflussaktivierend oder durchblutungsfördernd wirken. Verklebungen der Faszien sowie Verspannungen der Muskulatur können sanft gelöst werden. Neben der Wirkung auf den aktiven Bewegungsapparat wirken sie auch auf Gefäße, Nerven und innere Organe. Körper und Geist werden gleichermaßen angesprochen.

Ein wahrer Alleskönner unter den Massagegriffen sind die sogenannten Streichungen. Je nach Druckstärke und Bewegungsrhythmus wird eine entspannende/beruhigende oder anregende Wirkung erzielt. Mit oberflächlichen Streichungen werden Massageeinheiten begonnen und beendet. Auch werden sie beim Wechsel zwischen verschiedenen Massagegriffen immer wieder eingesetzt. Mit der flach aufliegenden Hand wird mit ganz wenig Druck und in ruhigen Bewegungen das gesamte Pferd abgestrichen. Dabei wird immer in Fellrichtung gearbeitet. Sie können so in das Gewebe „hineinfühlen", Veränderungen in der Muskulatur aufspüren und gleichzeitig behandeln. Neben den oberflächlichen Streichungen gibt es auch die tiefen, dehnenden Streichungen. Bei diesen dringen die Fingerkuppen tiefer in das Gewebe ein.

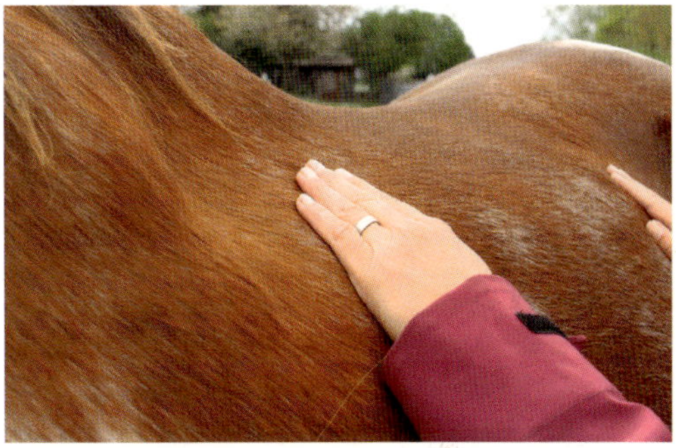

Bei den oberflächlichen Streichungen wird mit der ganzen, flach aufliegenden Hand gearbeitet.

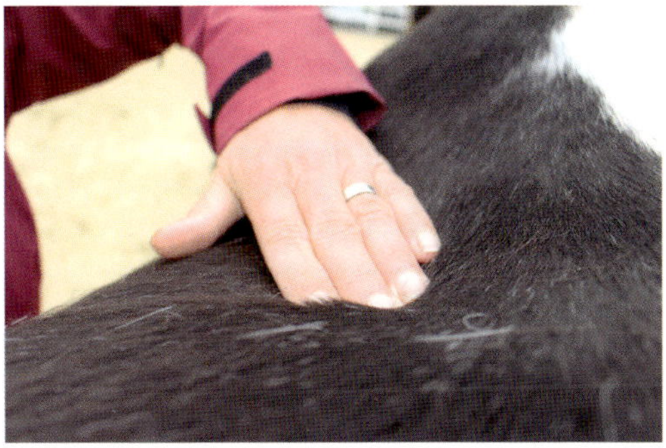

Bei tiefen Streichungen ruht der Druck mehr auf den Fingerkuppen, die je nach Intensität tiefer in das Gewebe eindringen und das Bindegewebe vor sich herschieben.

(Fotos: Jennifer Fuchs)

Der Druck ist nicht mehr auf die ganze Hand verteilt. Tiefe Streichungen dürfen dann erst durchgeführt werden, wenn das Gewebe entsprechend durch oberflächliche Streichungen vorbereitet wurde.

Ebenso können Sie in kreisenden Bewegungen über den Pferdekörper wandern. Durch die kreisförmige Ausführung erfolgen abwechselnde Zug-, Druck- und Hebereize. Auch Kreise können am ganzen Körper ausgeführt werden. An kleineren Muskelpartien, wie beispielsweise den Kau- oder Schläfenmuskeln, bieten sie sich besser an als Streichungen.

Größere und besonders fleischige Muskelareale lassen sich gut kneten, drücken und auch schütteln. Bei Knetungen wird der Muskel quer zum Faserverlauf umgriffen und vorsichtig geknetet bzw. verschoben. Auch bei den Schüttelungen wird der Muskel locker mit einer Hand umgriffen und vorsichtig geschüttelt. So lässt sich beispielsweise am Unterhalsmuskel die große Halsfaszie lösen. Muskeln, die sich nicht gut kneten oder schütteln lassen, können mit Drückungen mit dem Handballen bearbeitet werden.

Eine besondere Form der Behandlung ist die Masterson-Methode™ und hier ganz speziell die „Blasenmeridian-Technik". Mit wirklich minimalen Berührungen spürt man in das Pferd hinein und wartet auf Reaktionen. Eigentlich ist es nur ein Berühren der Haarspitzen. Reagiert das Pferd, verharrt man an die-

Knetungen entsprechen eher einem s-förmigen Verschieben des Muskels, wie hier am Mähnenkamm. (Foto: Tina Löffler)

sem Punkt, bis das Pferd eine entsprechende Entspannungsreaktion zeigt. Das Ganze führt man entlang des Blasenmeridians aus. Dieser ist einer der wichtigsten Akupunkturmeridiane, weil er die Zustimmungspunkte aller Organsysteme umfasst. Man beginnt am Kopf und gleitet mit der flachen Hand über das Genick zum Widerrist über die Rückenlinie, an der Hinterbackenmuskulatur hinunter, an der Außenseite des Beines bis zum Kronrand. Wie bereits beschrieben, gilt „Suchen", „Reaktion abwarten", „Verharren bis zu einer deutlichen Entspannungsreaktion".

Schüttelungen helfen dem Pferd, Spannungen loszulassen. (Foto: Jennifer Fuchs)

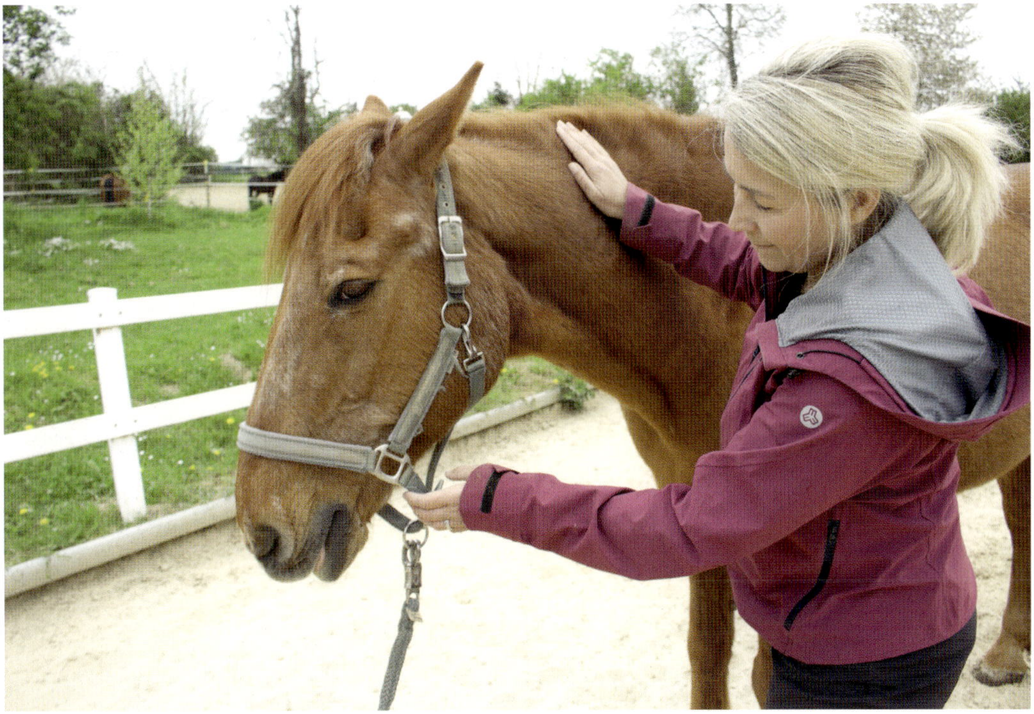

Pferd mit deutlicher Entspannungsreaktion während einer Behandlung mit der Masterson-Methode™. (Foto: Jennifer Fuchs)

Auch Hilfsmittel wie das „Horse Relaxe"-Massagetool können eingesetzt werden. Die Behandlungsempfehlungen und Kontraindikationen des Herstellers sind zu beachten. (Foto: Jennifer Fuchs)

Das gilt es zu beachten:

Zeigen Myopathie-Pferde per se schon einen hohen Muskeltonus, sollte zur Sicherheit ausschließlich entspannend/detonierend massiert werden. Ziel der Behandlung sollte sein, egal ob mit oder ohne Einsatz von Geräten, den Muskeltonus des Pferdes zu senken – also eine Entspannung der ohnehin schon gestressten Muskulatur herbeizuführen. Aktivierende/tonisierende Behandlungen könnten gegebenenfalls einen akuten Schub begünstigen.

Achten Sie generell immer auf die Reaktionen Ihres Pferdes. Es zeigt Ihnen sehr deutlich, ob es die Massage angenehm findet oder nicht. Gefällt Ihrem Pferd, was Sie tun, wird es Kopf und Hals fallen lassen, die Augenlider werden schwerer und der Muskeltonus senkt sich und es wird möglicherweise eine Hintergliedmaße entlasten. Gähnen, Abkauen, und eine hängende Unterlippe sind weitere Zeichen deutlicher Entspannung. Nimmt das Pferd dagegen den Kopf hoch, legt die Ohren an oder zeigt das Weiße in den Augen, haben Sie vermutlich in der Druckstärke übertrieben. Auch starkes Hautzucken (ohne Fliegen), Schweifschlagen, nervöses Tippeln und Ausweichen sollte Sie veranlassen, Ihre Technik zu überprüfen und ggf. zu einem anderen Körperteil überzugehen. Kann Ihr Pferd während der Massage nicht entspannen, kann es auch nicht davon profitieren.

Massieren Sie nur, wenn keine Kontraindikationen dagegensprechen. Im Zweifelsfall ist es besser, zunächst einen Tierarzt oder erfahrenen Therapeuten zu fragen.

Kontraindikationen

Bei akuten Entzündungen, Infektionen und Verletzungen, Fieber, Erkrankungen des Herz-Kreislauf-Systems oder der Haut sollten Sie auf Massagen verzichten. Ebenso bei bösartigen Tumoren, extremen Schwächezuständen oder in Bereichen großer Schmerzhaftigkeit sind Massagen kontraindiziert.

WÄRMETHERAPIE

Gerade bei schmerzhaften Verspannungen der Muskulatur kann die Anwendung von Wärme schnell Linderung bringen. Denn Wärme wirkt muskelentspannend, schmerzlindernd, krampflösend und durchblutungsfördernd. Wer ein Solarium mit kurzwelliger Infrarotstrahlung am Stall hat, darf sich glücklich schätzen. Alternativ kann man sein Pferd etwa mit einer Wärmflasche, einem Moor- oder Körnerkissen sowie sogenannten Warm-ups verwöhnen. Warm-ups funktionieren wie kleine Taschenöfen, die man durch Aufkochen immer wieder reaktivieren kann, sind aber größer und können der Form des Pferdes angepasst werden. Auch Decken mit Keramikpartikeln, die die Körperwärme des Pferdes reflektieren, sind eine gute Unterstützung. Feucht-heiße Anwendungen haben eine intensivere Tiefenwirkung als trockene Wärme. Gerade bei akuten Muskelverhärtungen und Myalgien wird häufig ein intensiverer Wärmereiz benötigt. Eine heiße Rolle oder feucht-heiße Umschläge können hier die gewünschte Wirkung erzeugen. Als generelle Faustregel gilt: Je extremer die Temperatur der Anwendung, desto kürzer die Dauer der Anwendung. Lassen Sie sich von einem Therapeuten hinsichtlich korrekter Ausführung und zu nutzender Wärmeintensität einweisen.

Eigentlich selbstverständlich – sicherheitshalber sei aber gesagt: Eine Wärmebehandlung vor dem Training ersetzt nicht die Aufwärmphase.

Kontraindikationen

Bei akuten Verletzungen und Entzündungen, Lymphödemen, Fieber und Kreislaufproblemen sind Wärmeanwendungen kontraindiziert.

Die heiße Rolle wird unter sanftem, wellenförmigem Druck rhythmisch aufgetupft. Ein Therapeut sollte die Anwendung zeigen und erklären. (Foto: Jennifer Fuchs)

Notfall Schub: Richtig verhalten

Eine der größten Herausforderungen für Halter von PSSM-Pferden ist der akute Schub. So sehr man sich wünscht, dass dieser durch ein optimiertes Management ausbleibt, kann der Ernstfall dennoch eintreten, und auf diesen sollte man vorbereitet sein. Wenn das passiert, ist umsichtiges und richtiges Handeln das A und O. Sowohl direkt im Schub als auch in den anschließenden Wochen der Genesung. Ein akuter PSSM-Schub ist immer ein Notfall.

> ### Schub erkennen – wenn's passiert ist
>
> Beim Schub kommt es zu einem Energiedefizit, obwohl die Energiespeicher in den Muskeln eigentlich gut gefüllt sind. Beschreiben wir zur Veranschaulichung eine typische Situation:
> An einem kalten Wintermorgen kommt das Pferd morgens frisch aus der Box, in der es die letzten 14 Stunden verbracht hat und wird auf den Auslauf gebracht. Dort galoppiert es aus dem Stand weg an, begleitet von ein paar fröhlichen Bocksprüngen. Die kalte klare Luft tut ihr Übriges. Nach wenigen Minuten geht plötzlich nichts mehr. Das Pferd zittert am ganzen Körper und ist schweißgebadet. Die Muskulatur ist deutlich verhärtet und jeder Schritt fällt schwer – falls Bewegung überhaupt noch möglich ist. So oder so ähnlich zeigt sich in der Praxis der klassische PSSM-Typ-1-Schub.

ERSTE-HILFE-MASSNAHMEN IM AKUTEN SCHUB

Die wichtigste Sofortmaßnahme in einem akuten Schub ist, sofort jede weitere Bewegung einzustellen. Pferdehalter wollen häufig das Pferd bewegen – entweder in der Hoffnung, dass sich Verspannungen lösen oder weil der Schub fälschlicherweise als Kolik eingestuft wurde. Jede weitere Bewegung kann das Problem aber verschlimmern. Befindet man sich gerade auf einem Ausritt, einer Ausfahrt oder einem Spaziergang und nicht in unmittelbarer Nähe zum Stall, sollten Sie den Tierarzt am besten zum Ort des Geschehens rufen oder einen Hängertransport zum heimatlichen Stall oder zur nächsten Klinik organisieren.

Entfernen Sie jegliches Equipment, das nicht der Sicherheit von Mensch und Tier dient – Sattel, Longiergurt, Kutschgeschirr, etc. Halfter oder Zaum lassen Sie selbstverständlich am Pferd.

Decken Sie das Pferd ein, wenn die Möglichkeit besteht. Halten Sie insbesondere die großen Muskelgruppen, wie Rücken-, Lenden- und Hinterhandmuskulatur warm. Die Wärme sorgt für Entspannung der betroffenen Muskulatur, sodass diese besser durchblutet wird.

Jetzt keine Zeit verlieren! Rufen Sie den Tierarzt, der dann schnellstmöglich die medizinische Versorgung einleiten kann. Ein Schub ist immer ein Notfall.

Bieten Sie dem Pferd Trinkwasser an. Die Wasseraufnahme fördert den Abtransport der abgestorbenen Muskelfasern über die Nieren, sodass die Zelltrümmer ausgeschieden werden.

Der Tierarzt wird zunächst die Symptome behandeln. Je nach Schwere des Schubs wird er vermutlich einen Entzündungshemmer und entweder ein Muskelrelaxanz oder, wenn das Pferd sehr unruhig ist, ein Beruhigungsmittel mit gefäßerweiternder Wirkung verabreichen. Da jegliche Medikamente und insbesondere Schmerzmittel die ohnehin schon belasteten Nieren zusätzlich strapazieren, sollten diese in Absprache mit dem behandelnden Tierarzt und nur wenn nötig angewendet werden. Eine Auswahl geeigneter Kräuter kann hier eine Alternative oder zusätzliche Ergänzung darstellen.

Mit zusätzlichen intravenösen Infusionen kann eine Blutverdünnung erreicht und so die Durchblutung des Gewebes verbessert werden. Das wird der Tierarzt immer machen, wenn auch eine Myoglobinurie vorliegt. Was das genau ist, erklären wir auf Seite 76, wenn es darum geht, den Schub und die damit verbunden Abläufe in der Muskulatur zu verstehen. Durch die Infusionstherapie soll die Harnproduktion angeregt werden, damit das anfallende Myoglobin, der rote Muskelfarbstoff, der beim Zerfall von Muskelfasern austritt, durch die Nieren ausgeschwemmt wird. Das ist wichtig, denn die Niere funktioniert wie ein Sieb, das im Extremfall durch die Muskelzellreste derart verstopfen kann, dass ein Nierenversagen droht.

Der Tierarzt sollte unbedingt auch Blut abnehmen, um das Ausmaß der Schädigung einschätzen zu können. Exorbitant erhöhte Muskelwerte sind zu erwarten, welche sich oftmals im Bereich von höheren fünfstelligen Werten bewegen bei Referenzwerten von 130 bis 400 U/l.

Eine stationäre Aufnahme ist meist nicht erforderlich, kann aber in Einzelfällen indiziert sein.

Sofortreaktion bei ersten Anzeichen eines Schubes:

- jegliche Bewegung sofort einstellen
- absteigen, absatteln/ausspannen, Longiergurt o. Ä. lösen
- Pferd nicht forcieren, sich zu bewegen
- das Pferd, bzw. die großen Muskelgruppen warm eindecken
- Hilfe rufen, wenn der Schub unterwegs passiert ist und einen Hängertransport einleiten
- Pferd von der Koppel holen, wenn der Schub während des Weidegangs auftritt, in die Box bringen – in der Geschwindigkeit, die das Pferd anbietet
- Umgehend Tierarzt rufen! Ein Schub ist immer ein Notfall
- Trinkwasser anbieten

SCHUB VERSTEHEN – WAS PASSIERT IN DER MUSKULATUR?

Der klassische Schub setzt nach zehn bis 20 Minuten leichter Arbeit ein. Um besser zu verstehen, weshalb das so ist, schauen wir uns die einzelnen Phasen der Energiebereitstellung bei Muskelarbeit einmal im Detail an. Ein Blick auf die einzelnen Phasen der Energiebereitstellung bei Muskelarbeit zeigt das Problem im Detail. Dabei laufen die Phasen nicht nacheinander ab, sondern überschneiden sich.

> **ATP - Adenosintriphosphat**
>
> ... ist der Energieträger der Zelle und Regulator energieliefernder Prozesse, besteht aus Adenin, Ribose und drei Phosphorsäure-Resten, ist essenziell z. B. für die Muskelarbeit (Kontraktion) und wird in der Muskulatur selbst gespeichert. Zur Herstellung von ATP wird Glykogen benötigt.
> Das Depot ist je nach Intensität nur für wenige Sekunden bis Minuten der Muskelarbeit ausreichend, dann muss nachproduziert werden.

PHASE I:
anaerob-alaktazid

Das in den Mitochondrien gespeicherte ATP ist ausreichend für etwa zehn Sekunden an Muskelarbeit. Dabei zerfällt dieses in ADP (Adenosindiphosphat) und einen der drei im ATP enthaltenen Phosphatreste (P). Die Energie eines weiteren Phosphats aus der Muskelzelle, dem Kreatinphosphat (KP), sorgt kurzfristig dafür, dass durch Resynthese aus ADP und P wieder ATP entsteht.

PHASE II:
anaerob-laktazid

Steht nicht ausreichend Sauerstoff zur Verfügung, stellt der Muskel um auf die Energiegewinnung durch Glykolyse, dem Abbau von Glukose. Aus einem Molekül Glukose können jedoch nur zwei Moleküle ATP gebildet werden. Zudem entstehen Laktate. Nach etwa 45 Sekunden ist die mögliche Höchstbelastung erreicht, da diese Form der Energiegewinnung vergleichbar unökonomisch ist.

PHASE III:
aerob-alaktazid

Steht ausreichend Sauerstoff zur Verfügung, könnten in dieser Phase bis zu 38 ATP aus nur einem Zuckermolekül gewonnen werden, nur dauert es bis zum Höhepunkt dieser Phase bis zu zehn Minuten. In genau dieser Phase kann man meist den klassischen Schub beobachten. Dies könnte entweder in einer gestörten Energiebalance und/oder in einer Verminderung der Mitochondrienanzahl begründet sein. Ausführlicher haben wir das im Abschnitt „Wenn die PSSM ins Spiel kommt" (ab Seite 21) ausgeführt.

Erst in dieser Phase können auf dem aeroben Weg auch Fettsäuren zur Energiegewinnung genutzt werden.

Durch den Zerfall der Muskelzellen gelangen unter anderem Myoglobin, Proteine und das Enzym Creatinkinase (CK) ins Blut und zeigen sich im Screening extrem überhöht. Der rote Blutfarbstoff Myoglobin wird über die Niere ausgeschieden, was zu Myoglobinurie führt, der typischen Dunkelfärbung des Urins (*siehe Grafik Seite 77*).

WEITERFÜHRENDES VORGEHEN – AUF DEM WEG DER BESSERUNG

Während der akuten Phase sollte dem Pferd zunächst nur Heu und Wasser angeboten werden. Bei hohem Schweißverlust können

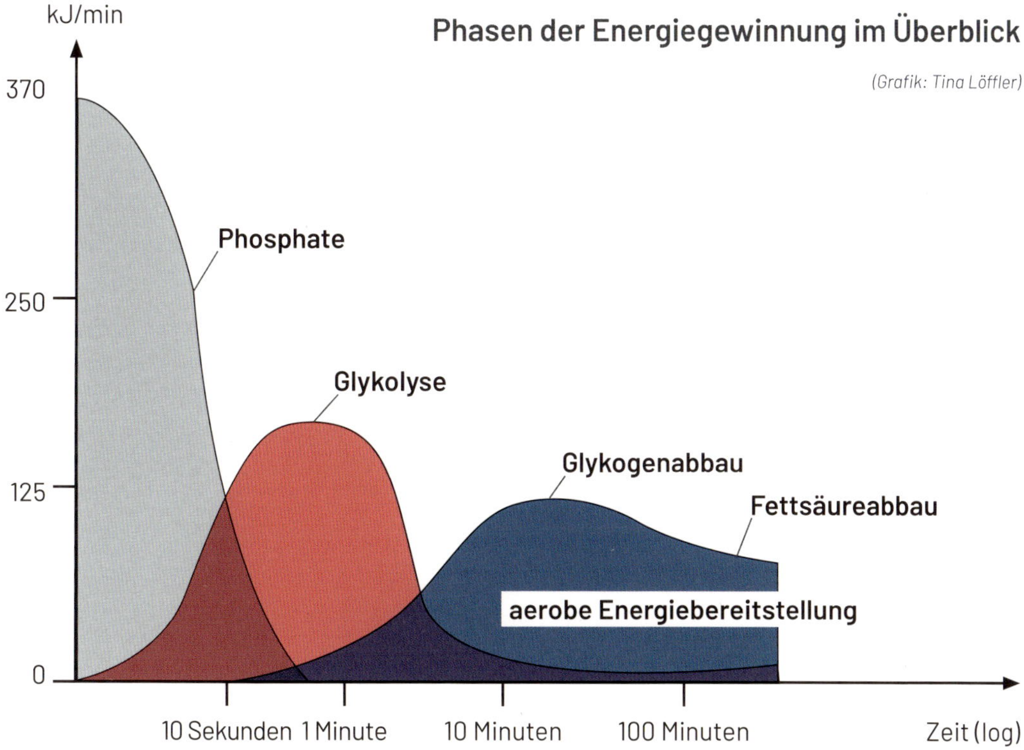

Phasen der Energiegewinnung im Überblick

(Grafik: Tina Löffler)

eventuell noch zuckerfreie Elektrolyte ergänzt werden.

Nach zwölf bis 24 Stunden bewegen sich die meisten Pferde wieder weitestgehend normal und können wieder allein oder zusammen mit einem ruhigen Herdenmitglied in einen Auslauf gebracht werden. Vermeiden Sie dabei aber zusätzlichen Stress. Der Sichtkontakt zur angestammten Herde sollte gewährleistet sein. Valberg warnt ausdrücklich, Pferde nach Schüben längere Zeit in Boxenhaltung zu belassen und ihnen erst bei völlig normalisierten Muskelwerten wieder Bewegung zu ermöglichen, da dies die Rekonvaleszenz deutlich behindere. Sobald das klinische Bewegungsbild vergleichsweise unauffällig ist und Bewegung vom Tier angeboten wird, kann und sollte ausreichend Freilauf ermöglicht werden. Füttern Sie weiterhin nur Heu und Wasser, ergänzt um den gewohnten Mineralzusatz und ermöglichen Sie den Zugang zu einem Salzleckstein. Zu überlegen ist eine zusätzliche Substitution von höheren Dosen eines natürlichen Vitamin-E-Präparates. Schmerzmittel und Relaxanzien (Medikamente zur Muskelentspannung) sind in dieser Phase üblicherweise nicht mehr nötig. Koppelgang sollte, vor allem wenn Gras der Auslöser des Schubes war, nicht erfolgen.

Da die Entgiftungs- und Ausleitungsorgane während eines Schubs enorm belastet werden, ist nun eine naturheilkundliche Unterstützung sinnvoll. Ein Tierheilpraktiker kann hier sicherlich Geeignetes empfehlen.

Zudem freut sich auch die Muskulatur über zusätzliche Unterstützung. Vorsichtige Massagen und Wärmeanwendungen tun jetzt besonders gut.

Die erste Gefahr ist nun für das Pferd gebannt. Betreiben Sie nun Ursachenforschung, um so weitere Schübe in Zukunft zu verhindern. Meist handelt es sich um eine Kombination aus Überversorgung mit Kohlenhydraten in Kombination mit nicht ausreichender täglicher Bewegung, Stress oder zu schneller Leistungsabfrage. Eine Heuanalyse bringt Klarheit, ob das Grundfutter aufgrund des Zuckergehalts für Pferde mit PSSM geeignet ist. Ein Trainingsplan bringt Struktur in das tägliche Bewegungsmanagement und macht Defizite sichtbar. Entpuppt sich der vermeintliche Kreuzverschlag erst jetzt als PSSM-Schub, sollten Sie keine Zeit verlieren, die Fütterung und das Management Ihres Pferdes anzupassen. Schließlich wollen Sie weitere Schübe unbedingt vermeiden.

AUFTRAINIEREN – WENN ES WIEDER LOSGEHT

Die genaue Zeitspanne für eine volle Rekonvaleszenz bleibt je nach Alter, Trainingszustand und Schwere des Schubes individuell. Erfahrungsgemäß können die meisten Pferde nach ca. zwei Wochen wieder an zusätzliche Bewegung herangeführt werden. Jetzt ist auch der ideale Zeitpunkt für ein weiteres Blutscreening, um die Muskelwerte, Leber, Niere und eventuell nötigen Verbesserungsbedarf in der Versorgung zu überprüfen. Erst wenn die Muskelwerte wieder im Normalbereich liegen, darf das Training wieder aufgenommen werden.

Beginnen Sie hier in sehr kleinen Schritten. Spaziergänge im Schritt sind ideal. Das ist allerdings nur praktikabel, wenn das Pferd dabei gelassen bleibt. Drei bis fünf Minuten werden zu Beginn als ausreichend angesehen. Eine Steigerung erfolgt täglich um weitere zwei Minuten. Lassen Sie das Pferd dabei seine Form selbst wählen. Hilfszügel oder gezielte gymnastizierende Übungen sind tabu. Wenn 15 Minuten Schritt an der Hand problemlos möglich sind, können Sie minutenweise gesteigerte Trab-Reprisen hinzufügen. Nach wenigstens drei Wochen mit erfolgreich absolvierten Schritt-Trab-Intervallen, können Sie langsam mit der Galopp-Arbeit beginnen.

Meist wird die alte Form nach vier bis sechs Wochen wieder erreicht. Grundsätzlich gilt: Lieber zu langsam als zu schnell aufbauen!

Exkurs: PSSM2

Bereits zu Beginn der Forschung um PSSM wurde festgestellt, dass nicht alle Pferde, die eine exzessive Glykogenspeicherung und amylaseresistente Polysaccharide in der Muskulatur aufwiesen und unter regelmäßig wiederkehrenden Kreuzverschlägen litten, auch die GYS1-Mutation in sich trugen. Da eine schlüssige Erklärung zum damaligen Zeitpunkt nicht erbracht werden konnte, wurde die Bezeichnung PSSM2 eingeführt. Denn aufgrund des histologischen Befundes könnte es potenziell eine zweite Polysaccharid-Speicher-Myopathie geben.

Gerade das führt aber heute zu Verwirrung. Während die Forschergruppe um Valberg von der Michigan State University nach wie vor von einer eigenständigen Erkrankung ausgeht, nutzt das private Institut EquiSeq PSSM2 als Sammelbegriff für weitere Equine Myopathien im Zuge des von ihnen entwickelten Gentests. Fest steht, dass die klinischen Symptome von Rasse zu Rasse variieren, was darauf hindeutet, dass es mehrere Erkrankungsursachen geben könnte. Ob diese genetischer Natur sind, ist bis heute nicht einwandfrei geklärt. Neuere Studien haben zudem ergeben, dass trotz der sichtbaren Aggregate nicht auch automatisch eine allgemein erhöhte Muskelglykogen-Konzentration wie bei PSSM Typ 1 vorliegen muss.

MFM (MYOFIBRILLÄRE MYOPATHIE)

Vielfach wird PSSM2 mit der Myofibrillären Myopathie (MFM) assoziiert, welche aber eine

Muskelstrukturen

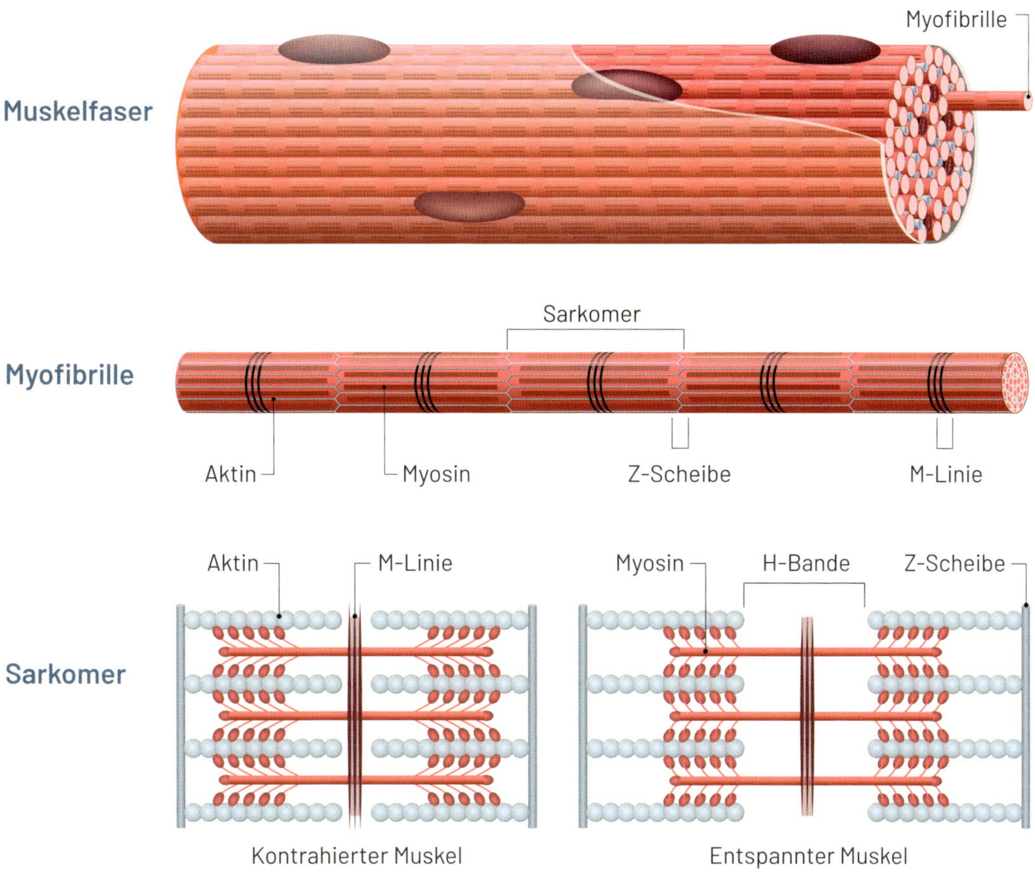

Aufbau des Muskels mit Myofibrille (*Foto: Shutterstock/Designua*)

eigenständige Erkrankung der Muskulatur ist. Bei der MFM sind die Funktionseinheiten im Inneren der Muskelfaser, die sogenannten Myofibrillen, betroffen. Diese sind strukturell verändert, was dazu führt, dass der Muskel insgesamt nicht so belastbar ist. Er ist quasi porös. In einer gesunden Muskelzelle folgen die Eiweiße, die für die Muskelkontraktion sorgen, einem geordneten Aufbau. Ein Protein namens Desmin hält dies aufrecht. Leidet das Pferd an einer MFM, ist die Anordnung gestört, sodass Risse und Brüche dieser Myofibrillen entstehen können. In der Nähe der Risse bilden sich Klumpen von Desmin, die einfach erklärt zu Reparaturzwecken von den Zellen dort eingelagert werden. Durch eine spezielle Anfärbung des Biopsiepräparates können diese Desmin-Aggregate in abnormer Menge und Form in der histologischen Untersuchung zur Diagnose sichtbar gemacht werden. In den Rissen und Brüchen kann sich aber auch Glykogen ablagern. Vermutlich aus diesem Grund wurde anfangs häufiger in Fällen einer MFM eine PSSM2 fehldiagnostiziert.

Zu Beginn der Forschung wurde diese Anomalie vor allem bei Arabern und Warmblütern festgestellt. So konnte in Studien mit arabischen Pferden ein Zusammenhang mit dem Cystein-Stoffwechsel festgemacht werden. Die Aminosäure Cystein ist ein Bestandteil vieler Antioxidantien und somit essenziell für die Muskelarbeit. Ein Mangel könnte zu vermehrter Desmin-Aggregatbildung führen. In Studien mit Warmblütern kam man zu dem Ergebnis, dass der Muskel keine ausreichende Rückmeldung über seine tatsächliche Belastung und somit nötigen Regenerations-Anspruch zu geben scheint. Das führt dazu, dass die Reparaturprozesse auf zellulärer Ebene nicht ausreichend ablaufen und oxidativer Stress entsteht.

Da die MFM ebenfalls eine degenerative, also voranschreitende Erkrankung der Muskulatur ist, können Alter und Trainingszustand eine tragende Rolle bei der Diagnostik spielen. Typische Veränderungen, die mit der MFM einhergehen, lassen sich meist erst bei Pferden ab acht Jahren feststellen. Anscheinend macht auch die Rasse einen Unterschied, was die Ursache der MFM betrifft.

Ebenso scheinen auch die Symptome innerhalb der Rassen zu variieren. So zeigen Araber mit MFM unter extremen Belastungen zwar oft allgemeine Steifheit und dunklen Urin, allerdings selten schwere Kreuzverschläge und hohe Muskelenzyme. Warmblüter mit MFM scheinen vorrangig ab einem Alter von acht bis zehn Jahren symptomatisch zu werden, bei vorangegangener normaler Leistungsfähigkeit. Weitere Symptome sind zwar vereinzelt klassische Kreuzverschläge, vielmehr aber allgemeine Probleme mit der Rittigkeit und dem Gangbild, wie beispielsweise wechselseitige und unklare Lahmheiten, allgemeine Steifheit, auffälliger Galopp, Muskeldellen und Muskelschwund. Trainingspausen scheinen diesen Pferden nicht gut zu tun. Neben der angepassten Fütterung liegt bei Pferden mit MFM ein besonderes Augenmerk auf dem regelmäßigen und richtigen Training, damit der Umsatz der Strukturproteine erhöht wird. Nur bei regelmäßiger Belastung wird hier sozusagen genug wieder aufgebaut. Dabei liegt der Schwerpunkt auf dehnenden Übungen und einer ausreichenden Aufwärmzeit. Die meisten Pferde mit MFM profitieren von einer quantitativ und qualitativ erhöhten Zufuhr von Proteinen und Aminosäuren für einen optimalen Muskelaufbau und zur Unterstützung der Reparaturprozesse im Muskel. Aber Vorsicht! Zu viel Eiweiß kann den Organismus belasten und unter anderem den Nieren schaden. Deshalb sollte die Ration auch hier genau bilanziert werden.

Zudem wird der Einsatz von ausreichend Antioxidantien wie Vitamin E oder Cystein empfohlen. Aktuelle klinische Versuche testen die Wirksamkeit von alternativen Substanzen wie Coenzym Q10. Da oxidativer Stress an dem degenerativen Prozess der Muskulatur beteiligt ist, erwartet man von der Fütterung eine Verlangsamung dieser Vorgänge. Ob und wie stark Kohlenhydrate eingespart werden müssen, ist derzeit strittig. Auch unklar ist, ob eine fettreiche Fütterung nicht sogar den oxidativen Stress erhöht und nachteilige Auswirkungen hat. Ein moderater NFC um die 20 bis 30 Prozent wird allgemein als gut toleriert angesehen, was den Einsatz einer klassischen Getreidefütterung weithin ausschließt.

Ob die MFM durch eine Genmutation ausgelöst wird, ist derzeit unklar. Zumindest kam eine amerikanische Studie aus dem Jahre 2020 zu dem Ergebnis, dass es keine Beweise dafür gibt, dass die über kommerzielle DNA-Tests aktuell testbaren Genvarianten ursächlich für die klinischen und histologischen Veränderungen sind. Eine weitere Studie aus dem Jahr 2022, die an 392 Quarter Horses durchgeführt wurde, kommt erneut zu diesem Ergebnis.

RER – RECURRENT EXERTIONAL RHABDOMYOLYSIS

Eine weitere Equine Myopathie, die im Zusammenhang mit PSSM2 erwähnt werden sollte, ist die Recurrent Exertional Rhabdomyolysis (RER). Die Bezeichnung der Erkrankung ent-

Auch Myopathie-Pferde profitieren von dehnenden Übungen. (Foto: Larissa Schmidt)

spricht dem Krankheitsbild. Diese Belastungs-Myopathie ist gekennzeichnet durch regelmäßig wiederkehrende Kreuzverschläge, die potenziell auf einen Fehler der Calcium-Regulation der Muskelzelle zurückzuführen sind und gehäuft in Verbindung mit Stress auftreten. Die übermäßige Freisetzung von Calcium löst eine anhaltende Muskelkontraktion aus. Der Energiestoffwechsel wird gestört und die betroffenen Muskelfasern geschädigt. Untersuchungen von Muskelbiopsien bleiben im Falle von RER oft ohne klaren Befund. Zur Diagnose wird daher eine Kombination aus Anamnese, klinischen Befunden und auffälligen Blutwerten (CK, LDH und AST) empfohlen. Wiederkehrende Schübe werden begünstigt durch nicht ausreichende freie Bewegung, zu unregelmäßiges Training, erhöhte Nervosität, Schmerzen, Stress und hohe Mengen stärkereichen Kraftfutters. Auch scheinen weibliche Tiere anfälliger für RER-Episoden zu sein, vor allem während der Rosse. Verbreitet ist diese Myopathie vorrangig bei Vollblütern und Rassen mit deren Einkreuzung.

Eine erbliche Komponente ist aktuell noch genauso unklar. Als potenziell genetischer Faktor konnte eine Mutation des Gens CACNA2D3 ausgemacht werden. CACNA2D3 codiert Proteine, die die Calcium-Einströmung in die Muskelkanäle regulieren. Sehr wahrscheinlich sind diese komplexen Vorgänge aber nicht auf ein einzelnes Gen zu reduzieren, wie es z. B. bei GYS1 der Fall ist.

Für den täglichen Umgang mit RER-Pferden liegt der Schwerpunkt vor allem auf Stressvermeidung - sowohl in der Haltung als auch im Training. Starke Routinen sollten entwickelt werden. Gängige Empfehlungen zur Fütterung von RER-Pferden sind meist abgestimmt auf vollblütige Leistungspferde mit einer hohen Kaloriendichte ihrer Ration. Diese Empfehlung ist daher nicht generell auf alle Rassen anwendbar. Raufutter sollte nicht mehr als 20 Prozent nichtstrukturierte Kohlenhydrate (NSC) enthalten. Auch bei Krippenfutter wird zu einem niedrigen Gehalt an Kohlenhydraten geraten, kombiniert mit einem der Leistung angepassten Fettgehalt. Eine moderate, aber dennoch unbedingt weiterhin bedarfsdeckende Zufuhr von Calcium erscheint plausibel.

WAS KANN DER DNA-TEST LEISTEN?

Bereits länger diskutiert wird ein genetischer Zusammenhang bei Myopathien, insofern wäre ein DNA-Test sinnvoll. Im Zuge der Forschungen des amerikanischen Privatinstitutes EquiSeq werden seit 2016 mehrere genetische Tests kommerziell angeboten. Die Generatio GmbH - Center for Animal Genetics

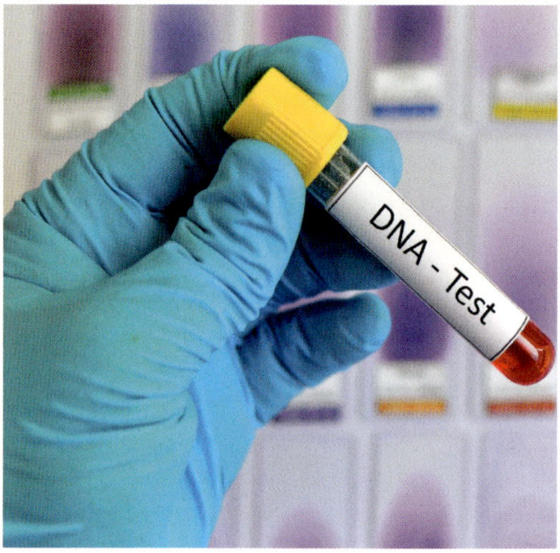

Auch dieser Gentest wird über Haare oder Blut durchgeführt. *(Foto: Shutterstock / Jarun Ontakrai)*

Auch Fohlen können bereits getestet werden. (Foto: Shutterstock / Katho Menden)

in Tübingen hat von EquiSeq die Lizenz erworben, den Test als exklusiver Anbieter in Europa durchführen zu dürfen. Testbar sind verschiedene Varianten, die entweder mit der MFM, RER oder weiteren Myopathien assoziiert und von EquiSeq unter dem Schirmbegriff PSSM2 zusammengefasst werden, vorrangig weil dieser bereits etabliert war.

Die Vorteile eines Gentests gegenüber einer Biopsie liegen auf der Hand. Dieser kann vom Halter ohne Unterstützung eines Veterinärs über Haarwurzeln selbst veranlasst werden und liefert zeitnah klare Ergebnisse – zumindest auf dem Papier. Genau wie bei der GYS1-Mutation sagt das Testergebnis nur aus, ob ein Pferd die Anlagen für die jeweilige Erkrankung trägt. Nicht, ob das jeweilige Pferd auch erkrankt oder wie symptomatisch es werden kann.

Die aktuell testbaren Varianten P2 (MYOT), P3 (FLNC) und P8 (PYROXD1) werden dabei assoziiert mit humanen Formen der MFM. Während Myotilin und Filamin C Codierungen von Aminosäuren bezeichnen, die direkt an der Stabilität der Muskelsarkomere, der kleinsten funktionellen Einheit der Myofibrillen, beteiligt sind, steht P8 mit Pyroxid für einen Fehler in der oxidativen Abwehr der Muskelzelle. P4 (MYOZ3) mit einem Bezug auf Myozenin ist bisher keiner humanen Myopathie zuzuordnen.

Px (CACNA2D3) wird mit RER und abnormaler Aktivität der Calciumkanäle in Verbindung gebracht. Bei dieser Genvariante ist bereits heute klar, dass nicht alle auf Px positiv getestete Pferde auch klinisch an RER erkrankt sind, und ebenso wurden zahlreiche RER-diagnostizierte Pferde negativ auf Px getestet. Es wird diskutiert, ob Px die Symptome anderer Myopathien verschlimmert.

Auch die Mutation K1 (COL6A3) konnte noch mit keiner Equinen Myopathie assoziiert werden und wird daher zum heutigen Zeitpunkt mit der humanen Bethlem-Myopathie oder Ullrich-Muskeldystrophie verglichen, bei der sich einfach erklärt Muskelfasern in Collagen umwandeln. Symptome sind z. B. Muskelschwäche, Atrophien, abnormales Narbengewebe und Überdehnbarkeit der distalen Gelenke.

Die Erbgänge werden als autosomal-semidominant mit unvollständiger Penetranz beschrieben. Wie bei der GYS1-Mutation geht man davon aus, dass Doppelgenträger symptomatischer werden können als Einzelgenträger.

Die Schwierigkeit bei der Erforschung genetischer Krankheiten besteht nicht darin, Genvarianten zu finden, sondern festzustellen, ob eine bestimmte Variante für eine Krankheit verantwortlich ist. Mit dem Stand dieses Buches (März 2022) war der Gentest weiterhin nicht klassisch validiert. Das heißt, es hat bisher keine Überprüfung mittels unabhängiger Kontrollgruppe (Peer Review) stattgefunden. Eine wissenschaftliche Evidenz darüber, dass tatsächlich genau die identifizierten Genmutationen zu den beobachteten Symptomen führen, steht also noch aus. Was den Test nicht allgemein wertlos, aber sicherlich angreifbar in Fachkreisen macht. Die Lokalisation der Genvarianten in den oben beschriebenen Genen scheint einen Zusammenhang mit dem Auftreten von Myopathien plausibel zu machen, eine wissenschaftliche Publikation, die den direkten Zusammenhang wirklich belegt, wäre aber auch in Hinblick auf Haltungs-, Fütterungs-, Trainings- und Zuchtempfehlungen wünschenswert.

Aktuell nehmen die Forschungen zu den Equinen Typ-2-Myopathien an Fahrt auf. So wurde eine Kooperation der Generatio GmbH - Center for Animal Genetics mit der „International Association of Future Horse Breeding (IAFH)" ins Leben gerufen, um Pferde der Rassen Holstein, Trakehner, Oldenburg, Oldenburger Springpferd und Westfalen großangelegt zu testen. So sollen weitere Erkenntnisse über die Zusammenhänge zwischen genetischem Hintergrund und Erkrankung gesammelt werden. Auch das University of Minnesota Equine Genetics and Genomics Laboratory ruft betroffene Pferdehalter weltweit auf, an einer entsprechenden Studie teilzunehmen. Es bleiben zukünftige Forschungsergebnisse abzuwarten.

Nach den aktuellen Leitlinien der Deutschen Gesellschaft für Neurologie sind zur Behandlung von Myopathien im Humanbereich zwischenzeitlich mehr als 300 Gene identifiziert, die Muskelerkrankungen auslösen können. Versteift man sich auf die derzeit sechs bzw. mit dem PSSM1-Test sieben testbaren Varianten, besteht die Gefahr, etwas Entscheidendes zu übersehen. Bis zum Vorliegen valider Forschungsergebnisse bleibt die Muskelbiopsie der Goldstandard bei der Diagnose weiterer Equiner Myopathien. Dennoch kann auch der nicht validierte DNA-Test bereits jetzt wertvolle Hinweise geben, um die Fütterung, Haltung und das Training betroffener Pferde zu optimieren.

(Foto: Shutterstock / Rita Kochmarjova)

VIERTER TEIL

Bedürfnisse in Bezug auf Haltung und Fütterung

Verschiedene Haltungskonzepte

Pferde sind von Natur aus Herdentiere mit einem ausgeprägten Bewegungsbedürfnis. In freier Wildbahn würden sie sich bis zu 16 Stunden am Tag stetig und meist in einem ruhigen Tempo auf der Suche nach Nahrung und Wasser fortbewegen. Sind sie nicht mit Bewegung sowie Futter- und Wasseraufnahme beschäftigt, dösen und schlafen sie im Schutz der Herde und pflegen ihre Kontakte untereinander. Zu einigen Pferden besteht ein engerer Kontakt, zu anderen ist er weniger intensiv. Manche können sich schlicht und ergreifend nicht ausstehen, gehen sich aus dem Weg oder verlassen die Herde. Doch wo sind Haltungsbedingungen umzusetzen, die genau das ermöglichen?

Auch wenn es hierzulande Pferde gibt, die das Glück haben, auf sehr großen Flächen mit unterschiedlicher Vegetation nahezu in Freiheit leben zu dürfen, müssen wir realistisch bleiben. Das Gros der Pferdehalter kann seinen Pferden vor allem aufgrund der infrastrukturellen Rahmenbedingungen eine solche Haltung leider nicht mal im Ansatz bieten. Noch heute werden Pferde teils ausschließlich in Boxen gehalten. Die Führanlage soll die tägliche „freie" Bewegung ersetzen. Oder die Tiere stehen sich in schlecht konzipierten Offenställen buchstäblich die Beine in den Bauch, denn um sich zu bewegen, braucht es entsprechende Anreize. Pferdehaltung ist also per se eine Herausforderung und Kompromisse sind unumgänglich. Aber grundsätzlich sollten diese so wenig wie möglich zulasten der Pferde gehen. Das gilt nicht nur für Pferde mit PSSM. Dennoch sollten Halter von solchen Pferden berücksichtigen, dass diese aufgrund ihrer Genmutation Defizite in der Haltung möglicherweise weniger verzeihen, als das gesunde Tiere tun. Welche Haltungsformen gibt es und wie sind diese in Bezug auf Pferde mit PSSM zu bewerten?

(Foto: Shutterstock / Rita Kochmarjova)

Übersicht der gängigen Haltungsformen und Bewertung hinsichtlich Tauglichkeit für Pferde mit PSSM. (Grafik: Tina Löffler)

BOXENHALTUNG

Boxenhaltung ist hierzulande immer noch sehr weit verbreitet. Egal ob Innenbox, Außenbox oder Box mit angeschlossenem Paddock - Box bleibt Box. Selbst wenn diese Pferde täglich trainiert und bewegt werden, kann keine „kontrollierte" Bewegung die freie Bewegung ersetzen und dem ständigen Bewegungsdrang, den Pferde von Natur aus haben, gerecht werden. Eine reine Boxenhaltung ist deshalb immer abzulehnen - vor allem für Pferde mit PSSM. In der Regel kommt der „normale" Pferdehalter nur einmal täglich in den Stall. Selbst wenn es dann zwei Stunden bewegt wird, steht das Bewegungstier Pferd die restlichen 22 Stunden in der Box. Unabhängig von der PSSM entwickeln sich durch eine solche Haltung meist viele Beschwerden. Allen voran Erkrankungen der Atemwege und des Bewegungsapparates, aber genauso auch Verhaltensstörungen wie beispielsweise Koppen oder Weben.

In vielen Betrieben wird heute eine Mischhaltung angeboten - Pferde werden dabei tagsüber auf der Weide oder auf Paddocks in Gruppen gehalten und können dort ihren natürlichen Bedürfnissen (Sozialkontakte, Futteraufnahme, eventuell sogar ein gewisses Maß an gleichmäßiger Bewegung) nachge-

Boxenhaltung ist für Pferde keine ideale Haltungsform - das gilt insbesondere für Pferde mit PSSM. *(Foto: Shutterstock / Lubo Ivanko)*

hen. Nachts stehen sie in einer Box. Ein Vorteil dieser Haltungsform besteht sicherlich darin, dass alle Pferde die Chance haben, über Nacht zur Ruhe zu kommen. Dies ist insbesondere dann positiv zu werten, wenn die Herdenzusammensetzung nicht optimal ist oder häufig wechselt. Ganz ideal ist diese Haltungsform für Pferde mit PSSM trotzdem nicht. Sie ist allerdings vertretbar, sofern der Pferdehalter für ausreichend zusätzliche Bewegung sorgt.

OFFEN- UND BEWEGUNGSSTALL

Leben die Pferde ganzjährig draußen, ist das wesentlich besser. Diese Form der Haltung lässt vermuten, dass sie den natürlichen Bedürfnissen von Pferden deutlich näher kommt. Ein Garant für ein pferdegerechtes Leben ist der Offenstall aber auch nicht. Ist er schlecht gestaltet und die Fläche sehr klein, herrscht oftmals Langeweile und kaum mehr Bewegung als in reiner Boxenhaltung. Leider sieht man in der Praxis sehr häufig ein eingezäuntes Matschstück mit Unterstand, eine Heuraufe und eine Wasserstelle – fertig ist der Offenstall. Die Pferde könnten sich 24/7 frei bewegen, tun es aber meist nicht, weil ihnen die Bewegungsanreize fehlen. Stattdessen stehen sie überwiegend an der Heuraufe, was nicht nur für PSSMler wenig zuträglich ist. Heute sehen wir, dass auch durch solche Haltungsformen Übergewicht durchaus zu einem Massenproblem geworden ist.

Anders verhält es sich, wenn die Funktionsbereiche Bewegung, Fressen und Ruhen weit voneinander entfernt sind. So wird der Offenstall fast automatisch zum Bewegungsstall. Die Pferde müssen sich zwangsläufig bewegen, um alle lebenswichtigen Ressourcen zu erreichen.

Jeder Offenstall lässt sich mit ein wenig Kreativität aufwerten. Neben der grundsätzlichen Aufteilung der Funktionsbereiche können beispielsweise durch Totholzhecken natürliche Hindernisse und Sichtschutz geschaffen werden. Zudem bieten diese einen Lebens- und Schutzraum für Kleinlebewesen. Fakt ist, je höher die Anzahl an „Attraktionen", desto größer der natürliche Bewegungsanreiz. Ein großer Gewinn für alle Pferde, PSSMler profitieren ganz besonders davon.

AKTIVSTALLHALTUNG

Die Aktivstallhaltung ist eine besondere Form der Offenstall- bzw. Bewegungsstallhaltung. Aktivställe sind vor allem durch besondere technische Maßnahmen und automatisierte Fütterungsprozesse gekennzeichnet. Die Pferde tragen einen Chip, auf dem gespeichert ist, wie viel, wie häufig und wann sie fressen dürfen oder welche Bereiche für sie zugänglich sind. In manchen Aktivställen sind auch die Heuraufen zeitgesteuert, um oben beschriebene Belagerung der Heuraufe zu vermeiden. Das ist an sich eine gute Idee, um wieder neue Bewegungsreize zu setzen und Übergewicht zu vermeiden, kann sich jedoch auf viele Pferde auch negativ auswirken, da Pferde in der Natur Raufutter nie unter Zeitdruck aufnehmen würden. An der zeitgesteuerten Heuraufe wartet entweder ein anderes Pferd und drängelt, um seine Fressminuten abzuholen, oder der automatische Mechanismus fordert das Pferd auf, den Fressständer wieder

Die Einteilung in verschiedene Zonen und Funktionsbereiche schafft natürliche Bewegungsanreize. (Foto: Tina Löffler)

zu verlassen. Je nachdem, wie der Stall aufgebaut ist, kann sich das Warten auf die nächste Fresszeit ebenfalls negativ auswirken. Das eigentlich beabsichtigte Laufpensum wird dann wie bei der Ad-Libitum-Raufe nicht absolviert, weil die Pferde vorrangig mit Warten beschäftigt sind. Generell ist der Bewegungsanreiz in diesem Stallkonzept aber auch und insbesondere für PSSMler durchaus positiv zu werten. Problematisch könnte das in den Futterautomaten angebotene Kraftfutter sein, das in den wenigsten Fällen PSSM-gerecht ist. Natürlich kann man diese Pferde von der Automatenfütterung generell ausschließen und ihnen separat ein geeignetes Krippenfutter anbieten. Verstehen werden sie es aber möglicherweise nicht, was wiederum Stress erhöhen kann.

Liege- und Sandplätze im Offenstall laden zum Verweilen ein. (Foto: Tina Löffler)

PADDOCKTRAIL

Die natürlichste und fortschrittlichste Haltungsform, die sich auch für Pferde mit PSSM am besten eignet, ist der Paddocktrail – ein gut strukturierter Offenstall mit angeschlossenen Rundwanderwegen. Diese sorgen für einen „unendlichen" Wanderweg, der der Natur des Pferdes als Lauftier am nächsten kommt. Auf diesen Rundwanderwegen, den sogenannten Trails, sind verschiedene Attraktionen verteilt. So werden hier Dinge, die scheinbar zusammengehören, wie Futter und Wasser, möglichst weit voneinander entfernt platziert.

Viele kleine Futterstellen animieren die Pferde zum Weiterziehen. Auf den Trails sollte auch der Bodenbelag variieren, sodass Hufe mit immer anderen taktilen Reizen in Berührung kommen. Leider ist diese Form der Haltung noch viel zu selten zu finden. Dabei ergeben sich hierbei, sofern die Trailwege gut durchdacht sind, nur Vorteile für die Pferde. Zu einem guten Paddock-Trail-Konzept gehören vor allem ausreichend breite Wege, die es den Pferden ermöglichen, sich aus dem Weg zu gehen. In der Natur ist eine ebene Fläche mit schnurgeraden Wegen eher unüblich.

Die Wege, die Wildpferde gehen, verlaufen meist in Schlangenlinien und mit Unebenheiten. So stärken die Pferde ihre Beine und haben eine bessere Gesamtsicht auf das Gelände.

Je weiter die Attraktionen im Offenstall verteilt sind, desto mehr laufen die Pferde. (Foto: Tina Löffler)

WEIDEHALTUNG BZW. SAISONALE WEIDEHALTUNG

„Unser täglich Gras gib uns heute!", würden Pferde wahrscheinlich rufen, wenn wir sie fragen könnten. Tatsächlich sollten wir aber gerade in diesem Punkt nicht ausschließlich auf unsere Pferde hören - schon gar nicht, wenn diese an einer Stoffwechselerkrankung leiden. Je nach Vegetationsstadium ändern sich Nährwerte und Rohfasergehalt der Gräser massiv. Während im Frühjahr und im Herbst die Weide am rohfaserärmsten, aber dafür am eiweiß- und energiereichsten ist, sind die Verhältnisse im Sommer umgekehrt und damit deutlich besser für PSSMler geeignet. Gerade bei jungem Aufwuchs kann der Anteil an wasserlöslichen Kohlenhydraten, je nach Grasart, auch mal 300 Gramm pro Kilo Trockensubstanz (g/kg TS) enthalten - also 30 Prozent! Berücksichtigt man die generellen Empfehlungen von Valberg zum Anteil nichtstrukturierter Kohlenhydrate (NSC) in der Ration, sollten diese nicht mehr als zehn bis zwölf Prozent der Gesamtration ausmachen. In den Sommermonaten variieren die Gehalte eher zwischen 50 und 100 g/kg TS. Daraus ergibt sich für uns die Empfehlung, Pferde nicht zu früh anzuweiden. Eine alte Bauernregel besagt: Erst wenn sich „eine stehende Bierflasche" im Gras verstecken kann, weist das Gras genügend Rohfaser bei gleichzeitig zurückgehenden Nährstoffen auf. Diese Anweideregel gilt übrigens für alle Pferde und ist so aktuell wie eh und je.

Wir möchten Pferden mit PSSM natürlich nicht das Weideglück verwehren, müssen aber darauf hinweisen, dass Weidehaltung sich aufgrund der Veränderung im Kohlenhydratstoffwechsel mit der PSSM nicht immer verträgt. Doch auch hier gilt es, weitere Faktoren wie die grundsätzliche Haltung und das Maß der Bewegung zu berücksichtigen.

Weidegang und PSSM schließen sich nicht aus, wenn man einige Regeln beachtet. (Foto: Helena Wiegand)

Checkliste für Pferdebesitzer bei der Stallsuche

Den idealen Stall zu finden gleicht oftmals einem Sechser im Lotto. Um die Stallauswahl zu erleichtern, haben wir eine kurze Checkliste mit dem besonderen Fokus auf Pferde mit PSSM zusammengestellt.

Freie Bewegungsmöglichkeiten

Freie Bewegung	Die Pferde haben ausreichend Platz, sich in allen drei Grundgangarten frei zu bewegen.
Bewegungsanreize	Verteilte „Attraktionen" wie Heustellen, Wasser, Salzlecksteine, Liegeflächen bieten zusätzliche Bewegungsanreize.
Untergründe in den Bewegungszonen	Der Boden ist zumindest teilweise befestigt. Betonpisten und Matschbecken, die Bewegung verhindern, sollten nicht vorhanden sein.

Futter- und Wasserangebot

Raufutterangebot	Das Raufutterangebot umfasst nicht nur Heu, sondern auch Futterstroh (max. ein Drittel der Ration) und Knabberhölzer. Die Menge bemisst sich am jeweiligen Rohfaserbedarf des Pferdes.
Raufutterqualität	Das Raufutter ist von einwandfreier Qualität. Es riecht und sieht arttypisch aus. Idealerweise stellt der Stallbetreiber eine Heuanalyse zur Verfügung bzw. stimmt zu, dass eine Heuanalyse gemacht wird. Der Anteil wasserlöslicher Kohlenhydrate (Zucker, Stärke und Fruktan) liegt idealerweise unter zwölf Prozent im Heu.
Gesamtfresszeit und Fresspausen	Fresspausen dauern nicht länger als vier Stunden an. Die Gesamtfresszeit unterschreitet zwölf Stunden nicht. Idealerweise unterstützt das Raufutterangebot den individuellen Fresszyklus des Pferdes, das heißt auch keine Raufutterlimitierung während der Fresszeiten.
Wasserversorgung	Die Pferde haben jederzeit freien Zugang zu Wasser. Stehen keine Selbsttränken zur Verfügung, wird darauf geachtet, dass die Wasserbehältnisse geeignet, stets gefüllt und sauber sind.
Zusatzfutter	Zusatzfutter wird nicht pauschal gefüttert. Es besteht die Möglichkeit, eigene Futtermittel zu verabreichen. Sollte es pauschal gefüttert werden (z. B. im Aktivstall), ist zu klären, ob es PSSM-geeignet ist bzw. ob sich das eigene Pferd von der Fütterung bei Bedarf ausschließen lässt.

Ruhemöglichkeiten

Größe der Liegeflächen	Die Fläche der Liegeplätze ist so groß, dass sich die gesamte Pferdegruppe zeitgleich hinlegen kann. Gleiches gilt für Boxen-Unterbringung: Das Pferd sollte sich in Seitenlage komfortabel hinlegen können.
Stallhygiene	Die Liegeflächen sind sauber, trocken, witterungsgeschützt, ausreichend eingestreut und weich. Es wird täglich abgemistet - sowohl im Liegebereich als auch auf den sonstigen Flächen.

Gruppenmanagement und Sozialverhalten/-bedürfnisse

Gruppenhaltung	Die Pferde werden in homogenen Gruppen gehalten und haben so die Gelegenheit, eines ihrer Grundbedürfnisse zu befriedigen - die Interaktion mit anderen Pferden.
Gruppenzusammenstellung und -größe	Die Gruppen wirken harmonisch zusammengestellt. Pferdetyp, Alter, etc. werden bei der Gruppenzusammenstellung berücksichtigt. Es besteht die Möglichkeit, die Gruppe zu wechseln, sollte das Pferd sich in seiner Gruppe nicht wohlfühlen.

Gesundheit/Gesundheitsvorsorge

Erste Hilfe	Das Stallpersonal kann im Notfall Erste Hilfe leisten. Eine oder mehrere Stallapotheken sind vorhanden, bzw. wird eine eigene angelegt.
Notfallpläne	Notfallpläne, die die Kontaktdaten der Pferdehalter, aber auch behandelnder Haustierärzte enthalten, sind vorhanden, sodass im Notfall der Stallbetreiber oder ein anderer Pferdehalter entsprechend handeln kann.
Pferdetransporter	Sofern kein eigener Pferdehänger zur Verfügung steht, sollte im Notfall ein Pferdehänger sowie Zugfahrzeug am Stall verfügbar sein, die genutzt werden dürfen.
Krankenbox	Auch wenn Boxenruhe für PSSMler vermieden werden soll, ist sie manchmal unumgänglich. Es sollte eine Krankenbox oder ein Krankenpaddock zur Verfügung stehen, von dem aus die Pferde Sichtkontakt zur Herde haben.
Entwurmungs- und Impfmanagement	Das Entwurmungs- und Impfmanagement folgt der Regel: So viel wie nötig, aber so wenig wie möglich."

Trainingsmöglichkeiten

Trainingsinfrastruktur	Die Anzahl der Trainingsmöglichkeiten passt zu der Anzahl der Pferde im Stall.
Freie Trainerwahl	Es besteht die Möglichkeit, dass Fremdtrainer auf die Anlage kommen.

Kleine Futtermittelkunde

Sich im Dschungel der Futtermittel zurechtzufinden ist in der Versorgung von Tieren auch ohne eine Stoffwechselstörung eine Herausforderung. Wenn es aufgrund der PSSM noch bestimmte Parameter zu beachten gilt, ist der Pferdehalter oft überfordert. Doch es gibt Möglichkeiten, auch als Laie ein Produkt selbstständig einzuschätzen und die Eignung bei PSSM erkennen zu können.

FUTTERMITTELDEKLARATION – (K)EIN BUCH MIT SIEBEN SIEGELN

Wie so häufig im Leben, stehen die relevanten Informationen im Kleingedruckten – also meist auf der Rückseite des Futtermittels. Der Gesetzgeber gibt vor, was ein Futtermittelhersteller oder Inverkehrbringer ausweisen muss. Hier gibt es Angaben, die gesetzlich verpflichtend sind, und solche, die optional sind oder sogar verschwiegen werden dürfen.

Die Zusammensetzung – der Teufel steckt im Detail

Hier finden sich die einzelnen Bestandteile des Futters, also beispielsweise aus welchen Einzelfuttermitteln ein Mischfutter zusammengesetzt ist. Als Mischfutter darf sich all das bezeichnen, was aus mindestens zwei Einzelfuttermitteln besteht. Bei einem getreidefreien Mischfutter, wie es u. a. Pfer-

Mischfuttermittel für Pferde getreidefrei, ohne zugesetzte Vitamine und Mineralien

Zusammensetzung:
Wiesengräser, Leinkuchen, Apfeltrester, getrocknete Karotte, Bierhefe, Leinöl, Kräutermischung

Analytische Bestandteile:

Rohprotein: 16,3%	Rohöle & -fette: 9,2%
Rohfaser: 23,2%	Rohasche: 8,3%
Calcium: 0,59%	Phosphor: 0,32%
Magnesium: 0,23%	Schwefel: 0,23%
Natrium: 0,04%	Kalium: 1,93%
Zink: 32 mg	Mangan: 54 mg
Eisen: 235 mg	Kupfer: 5 mg
Selen: 0,03 mg	Lysin: 0,53%
Methionin 0,28%	Threonin: 0,48%
Stärke: 0,98%	Zucker: 7,3%
Fruktan: 6,4%	

umsetzbare Energie: 8,2 MJ/kg

praecaecal verdauliches Rohprotein: 10%

Fütterungsempfehlung:
täglich ca. 200–400 g je 100 kg Körpergewicht des Pferdes, ausreichend Heu und frisches Wasser sollte immer zur Verfügung stehen, ein zusätzliches Mineralfutter wird empfohlen

(Foto: Tina Löffler)

So mustergültig sollten alle Futtermittel deklariert sein. Alle wichtigen Informationen lassen sich auf einen Blick ablesen, native Gehalte liegen voll analysiert ebenso vor. (Grafik: Liza Gerber)

den mit PSSM empfohlen wird, können das Komponenten wie getrocknete Grasfasern, Luzerne, Ölsaaten oder Kräuter sein. Die Reihenfolge ist dabei absteigend – die Aufzählung beginnt also mit dem Futtermittel, von dem am meisten enthalten ist.

Analytische Bestandteile – die Inhaltsstoffe

Hier wird ausgewiesen, was analytisch bestimmt wurde durch den Goldstandard der Futtermittelanalyse – die sogenannte Weender-Analyse. Diese bezeichnet die „Rohnährstoffe ähnlicher physiologischer bzw. energetischer Gesamtwirkung" und fasst diese zusammen. Folgende Komponenten müssen vom Hersteller in Prozent per Kilogramm Futter in der Originalsubstanz ausgewiesen werden:

Rohprotein: umfasst alle Reineiweiße und stickstoffhaltigen Substanzen nichteiweißhaltiger Natur

Heucobs – Einzelfuttermittel

Zusammensetzung:
Wiesengräser und -kräuter, getrocknet und pelletiert

Produkt nicht trocken verfüttern, im Verhältnis 1:2 mit Wasser mischen und ausreichend lang quellen lassen

Analytische Bestandteile:

Trockensubstanz:	90 %
Rohprotein:	12 %
Rohfett:	2 %
Rohfaser:	29 %
Rohasche:	5 %
Fruktan:	3,2 %

umsetzbare Energie:
6,8 MJ/kg

(Fotos: Shutterstock / Linda's photography, Sari ONeal)

Die analytischen Bestandteile werden üblicherweise in Prozent oder in Gramm angegeben, immer bezogen auf ein Kilogramm Originalsubstanz des Futtermittels. (Grafik: Liza Gerber)

Rohfett: bestimmt alle Fette, Lipide, Wachse, Fettsäuren und fettlösliche Vitamine
Rohfaser: bezeichnet bestimmte Kohlenhydrate wie Zellulose und Gerüstsubstanzen wie Lignin
Rohasche: bedeutet die Summe aller mineralischen Mengen- und Spurenelemente sowie Sand & Ton

Ein Ergänzungsfuttermittel darf sich beispielsweise erst ab einem Rohasche-Anteil von 40 Prozent Mineralfutter nennen. Ebenso müssen je nach Futtermittelart die Gesamtgehalte angegeben werden von:

Natrium, Calcium, Phosphor, teilweise Magnesium und und Aminosäuren wie Lysin und Methionin. Der Feuchtegehalt muss aufgeführt werden, wenn dieser je nach Futtermittel über fünf bis 14 Prozent liegt.

Eine ganze Vielzahl von Parametern, die für eine genauere Bilanzierung nötig wären, muss allerdings nicht bindend angegeben werden. So ist z. B. nicht der Gehalt an reinem Rohprotein ausschlaggebend, sondern der für das Pferd verwertbare dünndarmverdauliche (praecaecale) Anteil, der nicht ausgewiesen sein muss. Auch der Energiegehalt (ME) des Futtermittels, angegeben in Megajoule (MJ), muss nicht deklariert werden. Zahlreiche Hersteller leisten diese Angaben aber freiwillig oder auf Nachfrage.

Ebenso wenig zwingend müssen die Gehalte an Kohlenhydraten, deren Einschätzung essenziell für die Fütterung von PSSM-Pferden ist, deklariert werden. Darunter zusammengefasst sind sowohl alle Zuckerarten (Glukose, Saccharose, Lactose, Maltose) als auch Polysaccharide wie die Stärke. Aufaddiert sollten diese zehn bis zwölf Prozent bzw. die 100 bis 120 Gramm pro Kilogramm Produkt nicht überschritten werden. Auch hier bieten diverse Hersteller auf Nachfrage Analysewerte an.

Zusatzstoffe – was es sonst noch so gibt

Zugesetzte Vitamine, Mineralien, Spurenelemente, Konservierungsmittel und sensorische oder ernährungsphysiologische Zusatzstoffe müssen vom Hersteller oder Inverkehrbringer voll deklariert werden. In diese Gruppe fallen sowohl zugesetzte Hefen, Enzyme und Mikroorganismen als auch Aromastoffe, Extrakte und Ähnliches. Für die Deklaration gibt es keine vorgeschriebene Reihenfolge. Angegeben werden diese Futterbestandteile üblicherweise in Gramm, Milligramm oder I. E. pro Kilogramm Futtermittel. Für tierärztliche Produkte, etwa zum Ausgleich von Mängeln, gelten dabei andere Vorgaben in Hinblick auf die gesetzlich erlaubten Wirkstoffmengen pro

Fruktane, kurz erklärt

Bei den Fruktanen handelt es sich um eine Gruppe von wasserlöslichen Sacchariden (griech. sakcharon = Zucker), die in Pflanzen als Speicherkohlenhydrat vorkommen. Sie werden nicht im Dünndarm resorbiert und haben damit auch keinen Einfluss auf die glykämische Reaktion, die bei PSSM in besonderem Maße berücksichtigt werden sollte. Fruktane werden erst im Dickdarm verdaut und können dort bei übermäßigem Vorkommen zu Dysbakterien und dadurch bedingten Folgeerkrankungen führen.

Natur-Müsli für Pferde getreidefrei, voll mineralisiert und vitaminisiert

Zusammensetzung: Grashäcksel, Sojaschrot, Reiskleie, Apfeltrester, Magnesiumoxid, Hanfsamen, Leinöl, Salz

Analytische Bestandteile:

Rohprotein: 20%	Rohfett: 9,6%
Rohfaser: 16,3%	Rohasche: 9,7%
Calcium: 0,5%	Phosphor: 0,42%
Magnesium: 0,8%	Lysin: 1,7%
Methionin: 0,7%	Threonin: 0,6%
Stärke: 3,2%	Gesamtzucker 6,3%

umsetzbare Energie: 9,5 MJ/kg

praecaecal verdauliches Rohprotein: 15,7%

Fütterungsempfehlung: Ergänzend zu ausreichend Raufutter können ca. 200 g je 100 kg Körpergewicht gefüttert werden. Die Gabe eines zusätzlichen Mineralfutters ist nicht mehr notwendig.

(Foto: Tina Löffler)

Ernährungsphysiologische Zusatzstoffe:

			Kupfer: 50 mg
Vitamin A: 20.000 I. E.	Vitamin C: 1.500 mg	Zink: 600 mg	Selen: 0,8 mg
Vitamin D: 1.000 I. E.	Vitamin B1: 120 mg	Mangan: 800 mg	Jod: 1,3 mg
Vitamin E: 2.000 mg	Vitamin B2: 90 mg	Eisen: 200 mg	Kobalt: 2,5 mg

Die Zusatzstoffe bezeichnen alle Bestandteile eines Futtermittels, die nicht nativ enthalten sind, sondern nachträglich zugefügt wurden. *(Grafik: Liza Gerber)*

Kilogramm als für reine Futtermittel. Aus diesem Grund sind diese meist deutlich höher dosiert. Nicht anzugeben sind alle Stoffe, deren „Beeinflussung des Futterwertes nur unerheblich ist" (Quelle: Leitfaden zur Kennzeichnung von Einzelfuttermitteln und Mischfuttermitteln des Bundesministeriums für Ernährung und Landwirtschaft), was natürlich einige Fragen über die genaue Definition dieses Passus aufwirft.

Unserer Meinung nach bleibt die gesetzlich vorgeschriebene Deklarationspflicht lückenhaft. Der Chromgehalt eines Futtermittels ist beispielsweise kaum herauszufinden, ebenso wenig muss der Jodgehalt von Algenprodukten deklariert werden. Diese Liste kann beliebig fortgeführt werden. Für eine profunde Beurteilung eines Futtermittels in Bezug auf ein bestimmtes Pferd und dessen Bedarf wären solche Parameter jedoch hilfreich.

Das Grundfutter unserer Pferde

Nahrungsgrundlage unserer Pferde ist das Rau- oder auch Grobfutter, entweder in seiner ursprünglichen Form als Gras oder über verschiedene Arten der Konservierung haltbar gemacht als Grünfutterkonserven wie Heu, Heulage und gepresste Produkte. Auch Stroh und Gehölzfutter gehören dazu – eben alles, was einen höheren Rohfaseranteil aufweist.

GRÜNFUTTER VON DAUERGRÜNLAND

Zusammengefasst unter den sogenannten Grünfuttern werden alle oberirdischen Teile von Futterpflanzen, die in der Tierfütterung eingesetzt werden. Hier unterscheidet man weiterhin zwischen Gras (Ober- und Untergräser), den Kleeartigen sowie Kräutern.

Obergräser zeichnen sich durch hohe Blütenstände und geringen Blattanteil aus, während die Untergräser eher blättrig und buschig wachsen. Grasmischungen zur Ansaat enthalten gemischte Arten, die eine hohe Akzeptanz bei Pferden gewährleisten. Oft finden sich darunter die sehr zuckerreichen und vor allem für Pferde mit PSSM wenig geeigneten Weidelgräser („Kuhgras"). Standortbedingt gesellen sich im Laufe der Zeit oft auch Seggen, Binsen und ähnliche Gräser hinzu. Diese haben nicht nur wegen ihres hohen Rohfaser- und niedrigen Mineralgehalts wenig Futterwert, sondern schmecken Pferden meist einfach auch nicht.

Die Kleeartigen hingegen sind meist geschmacklich sehr attraktiv und werden gern gefressen. Sie sind jedoch durch ihren hohen Eiweiß-, Calcium- und Magnesiumgehalt nur in geringen Mengen geeignet.

Von einigen wenig schmackhaften Unkräutern abgesehen, bringen Kräuter Abwechslung und mit ihrem hohen Mineralgehalt auch nutritiven Mehrwert in eine Ration. Sie gedeihen am besten auf extensiven, wenig gedüngten Flächen. Bei intensiverer Nutzung und starker Düngung geht der Kräuteranteil automatisch zurück. Achtung geboten ist bei giftigen Unkräutern wie Jakobskreuzkraut, Herbstzeitlosen, Graukresse, Sumpfdotterblumen und so weiter. Weiden sollten absolut frei von Giftpflanzen gehalten werden, auch wenn Pferde diese oft scheinbar intuitiv nicht fressen.

Überblick Grünfutter

Obergräser	Wiesenschwingel, Wiesenlieschgras, Wiesenfuchsschwanz, Glatthafer, Goldhafer, Knaulgras, Wehrlose Trespe, Rohrglanzgras
Untergräser	Deutsches Weidelgras, Wiesenrispengras, Gemeines Rispengras, Weißes Straußengras, Rotschwingel, jähriges Rispengras
Kleeartige	Weißklee, Wiesenrotklee, Bastardklee, Zaunwicke, Vogelwicke, Wiesenplatterbse
Kräuter	Löwenzahn, Herbstlöwenzahn, Schafgarbe, Bibernelle, Spitzwegerich, Großer Wiesenkopf, Sauerampfer u. v. m.

Zur Pflege der Weide gehört auch, diese regelmäßig von giftigen Unkräutern zu befreien. Jakobskreuzkraut beispielsweise wird frisch selten gefressen. Getrocknet verliert es seine Bitterkeit, nicht aber seine Toxizität.

(Foto: Shutterstock/Steidi)

GRÜNFUTTERKONSERVEN

In unseren Breitengraden muss Grünfutter für die Fütterung außerhalb der Perioden des Pflanzenwachstums haltbar gemacht werden. Hierfür gibt es verschiedene Konservierungsmöglichkeiten und damit verbunden im Ergebnis unterschiedliche Raufutterprodukte.

Die gängigste Art, Gras haltbar zu machen, ist die natürliche Trocknung und Pressung zu Ballen. Hier werden verschiedene Grasarten, manchmal mit einem leichten Anteil an Leguminosen wie Luzerne oder Esparsette, geschnitten, mehrfach gewendet und nach ausreichender Trocknung gepresst. Dabei ist der erste Schnitt grundsätzlich für die Fütterung von Pferden am geeignetsten. Für einen idealen, nicht zu niedrigen Proteingehalt ist der Schnitt in

Überblick Grünfutterkonserven

Heu	nach dem Schnitt bei maximal 15% Restfeuchte nach drei bis vier Tage Trockenzeit gepresst	Trockensubstanz im Mittel: 860 g/kg Rohfaser: 280–320 g/kg TS Rohprotein: 80–145 g/kg TS Energie: 6,5 - 7,7 MJ/kg TS
Heulage	wie Heu spät geschnitten aber bereits bei einer Restfeuchte von 40–50% gepresst, Luftabschluss durch Wickeln in Folie	Trockensubstanz im Mittel: 700 g/kg Rohfaser: 270–320 g/kg TS Rohprotein: 55–120 g/kg TS Energie: 6,7 - 7,8 MJ kg/TS
Silage	früh bzw. mehrfach geschnitten, nach bereits ein bis zwei Tagen bei einer Restfeuchte von 55–65% gepresst, Luftabschluss durch Wickeln in Folie	Trockensubstanz im Mittel: 400 g/kg Rohfaser: 240–310 g/kg TS Rohprotein: 90–180 g/kg TS Energie: 7,0 - 8,2 MJ kg/TS
Cobs / Grünmehlpellets	mittels Warmluft-Trocknung und Pressung in Cobs oder Pellets haltbar gemachtes Trockengrünfutter aus Gras, Klee oder Luzerne	

Ausreichend qualitativ einwandfreies Heu stellt die Basis einer jeden Ration dar.
(Foto: Shutterstock / Ivonne Wierink)

der Blüte der Leitgräser ideal. Vor der Fütterung sollte das Heu mindestens sechs bis acht Wochen zwischenlagern.

Qualität, Zuckergehalt und nutritive Eigenschaften werden dabei nicht nur vom Boden und dessen Nährstoffgehalt beeinflusst, sondern auch von den verwendeten Grasarten, dem Schnittzeitpunkt, der Trocknung und Pressung sowie im Nachgang von den möglichst optimalen Lagerbedingungen. Gutes Heu ist essenziell für die Gesunderhaltung – nicht nur von PSSM-Pferden. Der Gesamtgehalt der Kohlenhydrate sollte bei Raufutter zehn bis zwölf Prozent nicht grob übersteigen. Eine Heuanalyse zur Überprüfung der Zusammensetzung und Qualität ist grundsätzlich angeraten.

Wird das Gras deutlich früher oder mehrfach geschnitten, nur angewelkt und die Ballen mittels Folie luftdicht eingewickelt, spricht man von Silage. Hier setzt durch den Luftabschluss ein Silierprozess ein und durch mikrobielle Aktivität entsteht ein anaerobes Milieu. Milchsäuren bilden sich, die das Gras konservieren.

Angestrebt wird ein pH-Wert von unter 5. Sogenannte Heulage wird aus dem ersten Heuschnitt hergestellt, etwas länger getrocknet, grundsätzlich aber wie Silage verarbeitet und unterliegt ähnlichen Gärprozessen, bei einem leicht höherem pH-Wert von bis zu 6,5.

Ist der Ballen geöffnet, erfolgt durch den Kontakt mit Sauerstoff zügig eine Nachgärung, die Silage verdirbt innerhalb weniger Tage, was einen hohen Risikofaktor in der Fütterung darstellt. Dazu kommt die Gefahr der Leichengifte von im Ballen eventuell versehentlich beim Pressen eingeschlossenen Feldtieren. Grundsätzlich ist Gärfutter in der Pferdefütterung strittig, da umfassende Veränderungen der Darmflora beobachtet werden können.

Gepresste Cobs aus direkt ab Ernte getrocknetem und gehäckseltem Gras finden vor allem bei alten Pferden Anwendung, deren Zahnbestand eine ausreichende Aufnahme von Raufutter unmöglich macht. Mit Wasser angegossen und aufgequollen, können diese bei Bedarf große Teile der eigentlichen Heuration ersetzen oder in kleineren Mengen als Krippenfutter-Ersatz genutzt werden. Auch Leguminosen wie Esparsette und Luzerne finden sich in Pelletform im Futtermittelhandel. Werden die Grundstoffe getrocknet und dann fein vermahlen, spricht man von Grünmehlen.

EIN PLÄDOYER FÜR DIE HEUANALYSE

Heu ist nicht gleich Heu. Auch in Farbe und Geruch arttypisches Heu kann nährstoffarm sein. Andersherum ist das nicht mehr ganz so grüne Heu möglicherweise eine Zuckerbombe und deshalb gerade für Pferde mit Stoffwechselerkrankungen nicht geeignet. Gräserzusammensetzung, Bodenbeschaffenheit, Grünlandpflege, Erntezeitpunkt, Wetter und Witterung während der Wachstumsperiode und Trocknungszeit – all das nimmt Einfluss auf die Qualität und die Inhaltsstoffe.

Eine Heuanalyse macht offensichtlich, was mit bloßem Auge nicht zu erkennen ist. Und da Heu nun mal den Löwenanteil jeder Futterration ausmacht, ist es wichtig, dass wir wissen, was enthalten ist. Nur so kann man in der Rationsgestaltung entsprechend reagieren und Über- oder Unterfütterung vermeiden. Wird beispielsweise der Proteinbedarf nicht alleine durch die Heuration gedeckt, kann gezielt durch entsprechendes Krippenfutter ergänzt werden. Ist das Heu in einem Jahr sehr zuckerhaltig und damit vor allem für stoffwechselerkrankte Pferde problematisch, kann die Raufutterration durch Stroh und Gehölzfutter ergänzt werden. Im Zweifelsfall müsste sogar das Heu gewechselt werden, damit das Pferd nicht (noch mehr) erkrankt und möglicherweise in Bezug auf die PSSM mit einem akuten Schub reagiert.

Wir empfehlen eine jährliche Analyse – also von jeder Ernte. Mindestens sollte eine Basisanalyse beauftragt werden. Diese umfasst meist, je nach Anbieter,

- Trockensubstanz/Wasser
- umsetzbare Energie Pferd (ME)
- Rohprotein, verdauliches Rohprotein und dünndarmverdauliches Rohprotein (pcv XP)
- Rohfaser
- Rohfett
- Rohasche
- Sand
- Zucker
- Fruktan
- NFC

Wird das Heu immer von denselben Flächen gemacht, reicht es unseres Erachtens aus, die Mineralstoffe alle zwei bis drei Jahre analysieren zu lassen.

Hierzu gehören

- Calcium (Ca)
- Phosphor (P)
- Natrium (Na)
- Magnesium (Mg)
- Kalium (K)
- Kupfer (Cu)
- Zink (Zn)
- Mangan (Mn)
- Eisen (Fe)
- Schwefel (S)
- Selen (Se)

Eine Basisanalyse kostet, je nach Anbieter, zwischen 30 und 50 Euro. Inklusive der Mineralstoffe liegt der Preis zwischen 100 und 140 Euro. Bei Verdacht, dass das Heu qualitativ problematisch oder gar verdorben sein könnte, sollte auch die Futtertauglichkeit und Futterhygiene untersucht werden. Das ist aber nicht pauschal erforderlich. Sollte das Futter verdorben sein, muss der Grünlandproduzent übrigens für sein Produkt haften. Das regelt das Futtermittelgesetz.

Wie unterschiedlich Heu sein kann, zeigen unsere Analysen der letztjährigen Ernte im Vergleich zu den Durchschnittswerten der eingereichten Proben aus zwei Laboren. Hätten wir die Rationen unserer Pferde anhand dieser Durchschnittswerte berechnet, wäre möglicherweise zu wenig Eiweiß im Trog gelandet – um nur einen Wert herauszugreifen. So aber ist uns eine in Bezug auf die Nährwerte und Mineralstoffe abgestimmte Ration möglich, wodurch eine grobe Über- oder Unterversorgung langfristig vermieden wird.

Heuernte 2021 - Durchschnittswerte im Vergleich zu eigenen Analysen

	Durchschnittswerte aus		Heu - 1. Schnitt	
	521 Proben (LKS)	2.544 Proben (LUFA Nord-West)	Rhein-Main	Brandenburg
Trocken-substanz	870,00 g/kg	851,00 g/kg	872,00 g/kg	848,00 g/kg
Rohprotein	82,00 g/kg	86,00 g/kg	66,00 g/kg	71,00 g/kg
Rohfaser	332,00 g/kg	332,00 g/kg	354,00 g/kg	325,00 g/kg
Rohfett	16,00 g/kg	15,50 g/kg	12,00 g/kg	12,00 g/kg
Rohasche	65,00 g/kg	65,00 g/kg	72,00 g/kg	66,00 g/kg
Umsetzbare Energie (ME)	6,90 MJ/kg	6,80 MJ/kg	6,30 MJ/kg	7,00 MJ/kg
pcv XP	69,40 g/kg	51,00 g/kg	40,00 g/kg	44,00 g/kg
WLKH	166,3 g/kg	k. A.	122,00 g/kg	158,00 g/kg
NFC	k. A.	187,00 g/kg	k. A.	k. A.
Stärke	k. A.	4,00 g/kg	k. A.	k. A.
Gesamtzucker	108,00 g/kg	90,00 g/kg	85,00 g/kg	102,00 g/kg
Fruktan	58,40 g/kg	53,00 g/kg	37,00 g/kg	56,00 g/kg
		Durchschnittswerte aus 1.087 Proben		
Calcium (Ca)	4,10 g/kg	4,20 g/kg	2,80 g/kg	4,80 g/kg
Phosphor (P)	2,20 g/kg	2,40 g/kg	1,70 g/kg	2,10 g/kg
Natrium (Na)	0,60 g/kg	0,90 g/kg	0,50 g/kg	2,60 g/kg
Magnesium (Mg)	1,50 g/kg	1,60 g/kg	1,20 g/kg	1,50 g/kg
Kalium (K)	16,40 g/kg	19,40 g/kg	11,20 g/kg	14,10 g/kg
Schwefel (S)	1,50 g/kg	k. A.	0,90 g/kg	1,90 g/kg
Kupfer (Cu)	4,50 mg/kg	4,70 mg/kg	3,30 mg/kg	5,00 mg/kg
Zink (Zn)	25,50 mg/kg	27,00 mg/kg	20,20 mg/kg	31,00 mg/kg
Eisen (Fe)	253,60 mg/kg	236,00 mg/kg	279,10 mg/kg	59,00 mg/kg
Mangan (Mn)	119,40 mg/kg	135,00 mg/kg	91,50 mg/kg	94,00 mg/kg
Selen (Se)	k. A.	k. A.	0,056 mg/kg	0,044 mg/kg

Dass eine jährliche Basisanalyse Sinn macht, zeigt der Vergleich aus drei Jahren. Das Heu wurde von denselben Wiesen produziert und jeweils Mitte Juni geschnitten. Da die Wachstumsbedingungen durch die jeweilige Wetterlage stark beeinflusst wurden, sind die Unterschiede dennoch groß.

Für eine Heuanalyse nimmt man kleine Heubüschel aus möglichst vielen Ballen und von mehreren Stellen – aus der Mitte und auch vom Rand. Mit einem Unkrautausstecher kommt man übrigens gut an das fester gepresste Heu in der Mitte des Ballens. Stammt das Heu von unterschiedlichen Wiesen, werden die Proben anteilsmäßig entnommen, je nachdem, wie viele Ballen von welcher Wiese eingefahren wurden. Die einzelnen Heubüschel werden gut miteinander vermischt und davon etwa 1 Kilogramm zur Analyse an das Labor gesandt.

Dreijahresvergleich der Ernte von ein und derselben Fläche

	2019 (extrem trocken)	2020 (normal)	2021 (normal - trocken)
Trockensubstanz	872,00 g/kg	880,00 g/kg	848,00 g/kg
Rohprotein	110,00 g/kg	70,00 g/kg	71,00 g/kg
Rohfaser	277,00 g/kg	344,00 g/kg	325,00 g/kg
Rohfett	16,00 g/kg	13,00 g/kg	12,00 g/kg
Rohasche	53,00 g/kg	70,00 g/kg	66,00 g/kg
Umsetzbare Energie (ME)	8,10 MJ/kg	6,60 MJ/kg	7,00 MJ/kg
pcvXP	66,00 g/kg	40,00 g/kg	44,00 g/kg
WLKH	212,00 g/kg	134,30 g/kg	158,00 g/kg
Gesamtzucker	144,00 g/kg	81,00 g/kg	102,00 g/kg
Fruktan	68,80 g/kg	53,30 g/kg	56,00 g/kg

Die unterschiedlichen Ergebnisse aus den Jahren 2019 bis 2021 verdeutlichen die Sinnhaftigkeit einer jährlichen Basis-Heuanalyse. Trotz scheinbar gleicher Bedingungen weichen die Werte stark voneinander ab. In Bezug auf den Zuckergehalt wäre das 2019er-Heu beispielsweise nicht zur Fütterung stoffwechselerkrankter Pferde geeignet.

https://bit.ly/3SVWJRW

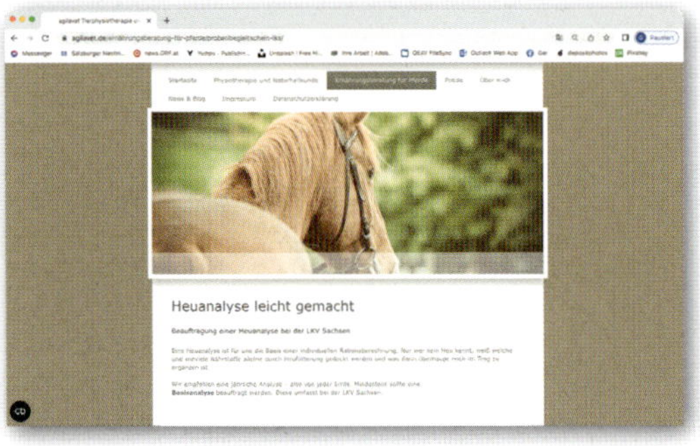

https://bit.ly/3PoNjLP

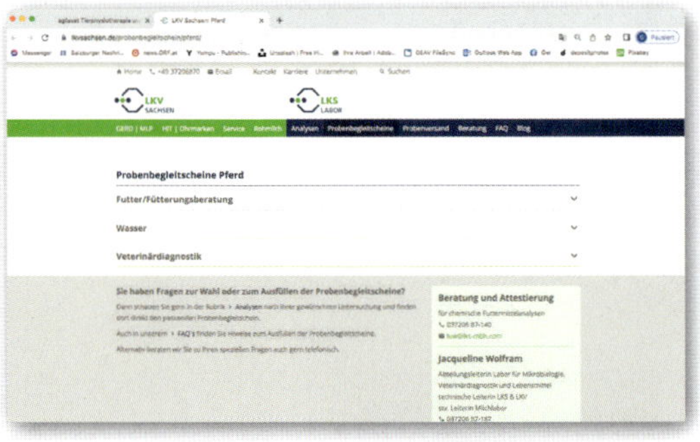

Der linke QR-Code verweist auf eine exemplarische Darstellung einer Untersuchungsbeauftragung bei der LUFA Nord-West. Der rechte QR-Code führt zum Antragsformular bei der LKV Sachsen.

(Foto: Tina Löffler)

Für eine Heuanalyse nimmt man kleine Heubüschel aus möglichst vielen Ballen und von mehreren Stellen – aus der Mitte und auch vom Rand. Die Untersuchung sollte frühestens 6–8 Wochen nach der Ernte durchgeführt werden, da sich Werte während der Nachschwitzphase noch ändern können.

Die einzelnen Heubüschel werden gut miteinander vermischt und davon etwa 0,5 – 1 Kilogramm zur Analyse an das ausgewählte Labor gesandt. Als Verpackungsmaterialien eignen sich gut Kartons oder Papierbeutel. Der vollständig ausfüllte Untersuchungsauftrag muss mitgeschickt werden.

(Fotos: Alexandra Fikus)

LKS - Landwirtschaftliche Kommunikations- und Servicegesellschaft mbH
Futtermittel- und Bodenlabor

DAkkS Deutsche Akkreditierungsstelle D-PL-14632-01-00

LKS LABOR

August-Bebel-Str. 6 • 09577 Niederwiesa OT Lichtenwalde
Tel. 037206 / 87-140 • Web: www.lkvsachsen.de • E-Mail: luw@lks-mbh.com

Debitor:
Journal-Nr:
Auftragsnr.:
Probeneingang:
Attestdatum:
Bearbeiter:
Prüfzeitraum:

Prüfbericht

Prüfberichts-Nr.: 1572602-20211222-114410

Auftragsdaten (Kundenangaben)

Probenart:	Wiesenheu 1. Schnitt	Handelsname:	keine Angabe
Probe-Nr.:	001	Erntejahr:	2021
Probennahme:	05.12.2021	Lagerort:	überdachte Scheune
Probenehmer:		Siliermittel:	entfällt, bzw. keine Angabe

Sensorischer Befund **(LKS FMUAA 101:2020-07 nicht akkred.)**

-sensorisch frei von Schimmelbildung
-grünliche Färbung
-arteigener Geruch
-hellbraune Färbung

Analytischer Befund	(UM)	Einheit	pro kg OS	pro kg TS	Richtwerte
Trockensubstanz	(1)	g	872	1000	860-960
Rohasche	(1)	g	62	72	<100
Rohprotein	(1)	g	58	66	90-130
Rohfaser	(1)	g	308	354	260-320
Rohfett	(1)	g	10	12	25-40
Zucker	(1)	g	74	85	<80
Fruktane	(27)	g	32,2	37,0	<80
Summe wasserlösl. Kohlenhydrate	(14)	g	106,2	122,0	<80
HFT (Gasbildung)	(1)	ml/200mg	32,0	36,6	40-55
ADFom	(1)	g	341	391	250-300
Lysin	(41)	g	2,96	3,39	4,0-7,5
Methionin	(41)	g	0,99	1,14	1,5-2,5
Cystin	(41)	g	0,53	0,61	1,0-2,0
Threonin	(41)	g	2,40	2,75	3,0-6,5
Histidin	(41)	g	0,95	1,09	
Valin	(41)	g	3,21	3,68	
Calcium	(63)	g	2,4	2,8	4,0-8,0
Phosphor	(63)	g	1,5	1,7	2,5-3,8

Prüfberichts-Nr.: • Journal-Nr.: • Probenart: *Wiesenheu 1. Schnitt* 1/3

LKS - Landwirtschaftliche Kommunikations- und Servicegesellschaft mbH
Futtermittel- und Bodenlabor

DAkkS Deutsche Akkreditierungsstelle D-PL-14632-01-00

LKS LABOR

August-Bebel-Str. 6 • 09577 Niederwiesa OT Lichtenwalde
Tel. 037206 / 87-140 • Web: www.lkvsachsen.de • E-Mail: luw@lks-mbh.com

Analytischer Befund	(UM)	Einheit	pro kg OS	pro kg TS	Richtwerte
Natrium	(63)	g	0,44	0,50	0-2
Magnesium	(63)	g	1,0	1,2	1,5-3,0
Kalium	(63)	g	9,8	11,2	20-32
Kupfer	(63)	mg	2,9	3,3	7-12
Zink	(63)	mg	17,6	20,2	25-60
Mangan	(63)	mg	79,7	91,5	50-110
Eisen	(63)	mg	243,4	279,1	290-920
Chlorid	(86)	g	2,7	3,1	2,0-9,0
Schwefel	(63)	g	0,7	0,9	1,7-2,8
Selen (#)	(149)	mg	0,049	0,056	0,1-0,6
DCAB	(14)	meq		167	100-450
pepsinunlösl. Rohprotein	(1)	% des RPr		65,5	<25
Proteinlöslichkeit	(1)	% des RPr		26,1	20-45
ND-unlösliches Reinprotein	(1)	g	19	22	10-70

Energetischer Befund (berechnet, nicht akkred.)	Einheit	pro kg OS	pro kg TS	Richtwerte
Umsetzbare Energie Pferd	MJ	5,5	6,3	6,0-7,5
Praecaecal verdauliches Rohprotein (Pferd)	g	35	40	30-120

Bemerkungen (Konformitätsbewertung)

Energieschätzung Pferd nach [Ausschuss für Bedarfsnormen der Gesellschaft für Ernährungsphysiologie, 2014].

Hinweis:
Alle nachstehenden Hinweise sind außerhalb der DIN EN ISO/IEC 17025:2018.

(#) Selen-Bestimmung durch die SGS Analytics Germany GmbH Jena

Untersuchungsmethoden (UM):

1: VDLUFA III, 31.2 – 31.3, 5. Erg. 2004
27: LKS FMUAA 194:2020-11
63: DIN EN ISO 11885:2009-09
149: DIN EN ISO17294:2017-01
14: berechnet (nicht akkred.)
41: VDLUFA III, 4.11.1-5, 4. Erg. 1997
86: VDLUFA III, 10.5.2, 1976

Messunsicherheiten (U):
Die erweiterte Messunsicherheit (k=2) (DIN ISO 11352:2013-03) schließt die Probennahme nicht mit ein.

Parameter	Einheit	pro kg OS	pro kg TS	Parameter	Einheit	pro kg OS	pro kg TS
Trockensubstanz	g	± 17	k.A.	Rohasche	g	k.A.	± 9
Rohprotein	g	k.A.	± 5	Rohfaser	g	k.A.	± 50
Rohfett	g	k.A.	± 3	Zucker	g	k.A.	± 27
Fruktane	g	k.A.	± 13,6	HFT (Gasbildung)	ml/200mg	k.A.	± 3,1
ADFom	g	k.A.	± 34	Lysin	g	k.A.	± 0,68

Prüfberichts-Nr.: • Journal-Nr.: • Probenart: *Wiesenheu 1. Schnitt* 2/3

LKS - Landwirtschaftliche Kommunikations- und Servicegesellschaft mbH
Futtermittel- und Bodenlabor

DAkkS Deutsche Akkreditierungsstelle D-PL-14632-01-00

LKS LABOR

August-Bebel-Str. 6 • 09577 Niederwiesa OT Lichtenwalde
Tel. 037206 / 87-140 • Web: www.lkvsachsen.de • E-Mail: luw@lks-mbh.com

Parameter	Einheit	pro kg OS	pro kg TS	Parameter	Einheit	pro kg OS	pro kg TS
Methionin	g	k.A.	± 0,17	Cystin	g	k.A.	± 0,17
Threonin	g	k.A.	± 0,49	Histidin	g	k.A.	± 0,26
Valin	g	k.A.	± 0,39	Calcium	g	k.A.	± 0,4
Phosphor	g	k.A.	± 0,1	Natrium	g	k.A.	± 0,07
Magnesium	g	k.A.	± 0,1	Kalium	g	k.A.	± 0,8
Kupfer	mg	k.A.	± 0,7	Zink	mg	k.A.	± 2,8
Mangan	mg	k.A.	± 16,2	Eisen	mg	k.A.	± 34,9
Chlorid	g	k.A.	± 0,3	Schwefel	g	k.A.	± 0,1
pepsinunlösl. Rohprotein	% des RPr	k.A.	± 15,1	Proteinlöslichkeit	% des RPr	k.A.	± 1,1

TS = Trockensubstanz, OS = Originalsubstanz, KZS = Keimzahlstufe, OW = Orientierungswert, k.A. = keine Angabe

Die Auswertung der Heuanalyse erhält der Auftraggeber ganz unkompliziert per E-Mail. Um die einzelnen Rationsbestandteile „vergleichbar" zu machen, verwendet man für die Rationsberechnung die Werte in der Spalte „Trockensubstanz". Auch wenn die Bestimmung der essenziellen Aminosäuren in den seltensten Fällen beauftragt wird, kann eine Analyse gerade für Myopathie-Pferde großen Sinn machen (siehe Blatt 1/3 des Prüfberichts auf Seite 108). *(Fotos: Tina Löffler)*

(Foto: Shutterstock/vprotastchik)

Häufig hören wir, dass eine Heuanalyse nicht möglich sei. Eine gute Lösung lässt sich aber dennoch in den meisten Fällen finden. Eine Heuanalyse ist in unseren Augen aktive Gesundheitsvorsorge und noch dazu betriebswirtschaftlich sinnvoll. Von daher können wir nur dafür plädieren, regelmäßige Analysen durchzuführen.

Was wir hören ...	Was wir antworten ...
Eine Heuanalyse ist bei uns nicht möglich, weil das Heu von unterschiedlichen Wiesen eingefahren wird.	Bei einer Heuanalyse nimmt man Mischproben aus verschiedenen Ballen. So können auch die unterschiedlichen Quellen gut berücksichtigt werden.
Eine Heuanalyse ist bei uns nicht möglich, weil das Heu von unterschiedlichen Lieferanten stammt.	Es gibt durchaus Lieferanten, die ihr Heu analysieren lassen und die Analyse auf Nachfrage vorlegen. Für Lieferanten ist das ein Alleinstellungs- und Qualitätsmerkmal. Falls nein, sollten zwei bis drei Basisanalysen in Betracht gezogen werden. Diese sind durchaus bezahlbar und gut investiert. Die Kosten für den Tierarzt im Falle eines akuten Schubes oder einer anderen fütterungsbedingten Krankheit fallen deutlich höher ins Gewicht.
Eine Heuanalyse ist bei uns nicht möglich, weil der Lieferant mangels eigener Lagerfläche immer nur wenige Ballen liefert.	Auch Lieferanten sich zumeist kooperative Menschen. Auf Nachfrage sind sie häufig bereit, eine Mischprobe zur Verfügung zu stellen oder Zutritt zum Heulager zu gewähren.
Eine Heuanalyse ist bei uns nicht möglich, weil der Stallbetreiber, der sein Heu selbst macht, das nicht möchte und ich Angst habe rauszufliegen.	Jeder Landwirt, der sein eigenes Heu macht, möchte ein gutes Produkt herstellen und gibt sich die größte Mühe bei der Produktion. Erklären Sie ihm, dass Ihr Pferd eine Stoffwechselerkrankung hat und es Ihnen darum geht zu erfahren, was an Nährstoffen enthalten ist und nicht, was mangelhaft an dem Heu sein könnte. Für den Stallbetreiber hat die Heuanalyse sogar einen großen betriebswirtschaftlichen Nutzen. Er kann angepasster füttern und so unnötigen Heuverbrauch vermeiden.

Ergänzungsfutter

„Der Mensch lebt nicht vom Brot allein" – und das Pferd nicht nur von Heu. Welche Ergänzungen der Ration sind nun aber sinnvoll und vor allem nötig, wenn man Pferde mit einer Störung des Stoffwechsels wie PSSM nicht unnötig belasten will durch die Gabe ungeeigneter und unnötiger Zusatzfutter?

STROH – MEHR ALS NUR EINSTREU

Wenn die nötige Tagesmenge an kaufähigem Raufutter zu erhalten ist, dies aber z. B. aufgrund einer Diät nicht ausschließlich über Heu realisiert werden kann, ist Stroh die erste Wahl. Es dient der Beschäftigung, liefert wichtige Stoffe zur reibungslosen Dickdarmfunktion und kann Teile der Heuration ersetzen. Aufgrund des hohen Anteils an unverdaulichem Lignin, einer Gerüstsubstanz, die dem Stroh seine „holzige" Struktur gibt, kann es allerdings bei übermäßiger Zufuhr zu Fehlgärung, Kotwasser bis hin zu Verstopfungskoliken kommen. Als Faustregel gilt daher, dass nur maximal 30 Prozent der Raufutterration als Stroh angeboten werden sollten.

Stroh punktet mit einem geringen Energiegehalt um die vier bis fünf Megajoule pro Kilogramm, hat mit ca. sechs Gramm pro Kilogramm allerdings auch keinen relevanten Proteinanteil. Der Vitamin- und Mineralstoffgehalt galt lange als relativ unbedeutend, dabei können vor allem die Menge der enthaltenen Spurenelemente durchaus für die Gesamtration interessant sein. Selbstredend sollte Stroh für PSSM-Pferde gut ausgedroschen sein wegen unerwünschter Stärkereste durch verbliebene Fruchtkörper (Getreidekörner).

Eingesetzt wird vor allem Gersten-, Weizen- oder Haferstroh. Besonders wichtig ist auch bei Stroh, dass es sensorisch und futterhygienisch einwandfrei ist. Die Regeln bei

Stroh kann die Raufutterration sinnvoll erweitern und Fresspausen überbrücken.
(Foto: Shutterstock / Michael C. Gray)

Ernte und Pressung entsprechen denen von Heu. Und auch Stroh leidet unter Belastungen, die durch ungünstige Bedingungen entstehen wie Einregnen, zu feuchte Einpressung und eine anschließende unsachgemäße Lagerung. Dazu kommt oft eine nicht unerhebliche Pestizid-Belastung. Stroh sollte goldgelb, staubarm, arttypisch vom Geruch und frei von Fremdbestandteilen sowie Verunreinigungen sein. Schwarze Punkte und muffiger Geruch können auf Schimmelbildung und Pilze hinweisen und machen das Stroh unbrauchbar. Dies gilt selbstverständlich auch bei der Nutzung als Einstreu. Klassisch wird Stroh als ganzer Halm gefüttert.

GEHÖLZFUTTER – VON HÖLZCHEN AUF STÖCKCHEN

Von Natur aus stehen auch Zweige, Blätter, Blüten, Rinden und Wurzeln auf dem Speiseplan unserer Pferde. Ihre wilden Vorfahren haben darüber große Teile der Mineralstoffversorgung ganz natürlich decken können. Darüber hinaus befriedigen Gehölze das Kaubedürfnis und beschäftigen, überbrücken Fresspausen und pflegen Zähne sowie das Zahnfleisch. Damit diese aber nicht im Übermaß gefressen werden, sollten sie nur zusätzlich zu ausreichend Raufutter angeboten werden. Sie stellen eine sinnvolle und PSSM-taugliche Erweiterung des Speiseplans dar.

Besonders geschätzt wird in modernen pferdegerechten Aktivställen die Doppelfunktion: Totholzhecken, Büsche und Bäume liefern Schatten, Wind- und Insektenschutz und zudem Knabberspaß. Nicht jedes Gehölz ist geeignet. Einige sollten zudem nur in kleinen Mengen angeboten werden. So enthält z. B. die Weide Salicylsäure, die eine blutverdünnende und schmerzstillende Wirkung hat, aber auch den Magen belasten kann. Unproblematisch sind (ungespritzte) Obsthölzer aller Art, Beerensträucher wie Brombeere, Himbeere und Johannisbeere und Bäume wie Buche und Haselnuss. Hochgiftig hingegen sind Gehölze wie z. B. Robinie, Eibe, Buche, Eiche, Walnuss oder der berüchtigte Bergahorn.

SAFTFUTTER – EINMAL QUER DURCH DEN GARTEN

Futtermittel mit einem natürlich hohen Wassergehalt wie Obst und Gemüse werden unter dem Begriff Saftfutter zusammengefasst. Hier verbergen sich oft hohe Zuckermengen, die unnötigerweise die Insulinproduktion triggern können.

Vollreife Äpfel sind mit 15 Prozent Zuckeranteil bereits außerhalb der empfohlenen Grenzwerte für Kohlenhydrate, auch wenn einzelne Sorten darunter liegen können. Bananen sind mit über 22 Prozent sogar wahre Zuckerbomben und sollten grundsätzlich an Pferde mit PSSM nicht verfüttert werden. Karotten können mit durchschnittlich nur sechs Prozent Zucker in Maßen auch bei PSSM-Pferden genutzt werden – vorausgesetzt, das Pferd ist nicht symptomatisch. Mit rund acht Prozent Kohlenhydraten ist Rote Bete grundsätzlich einsetzbar, der leicht erhöhte Chromgehalt ist gemessen an üblichen Fütterungsmengen marginal.

Als Chips getrocknet, erhöht sich der Zuckergehalt von Obst und Gemüse enorm, sodass hier bereits kleine Mengen unnötig viele Kohlenhydrate liefern und daher vermieden werden sollten.

KRAFTFUTTER & MISCHFUTTER – WAS ÜBERHAUPT NOCH IN DEN TROG DARF

Dieses Kapitel ist naturgemäß deutlich verkürzt für Pferde mit PSSM, denn es sollten weder Getreide noch getreidehaltiges Mischfutter genutzt werden. Kohlenhydrate können auch versteckt enthalten sein in Form von Johannisbrot, Reiskleie, getrocknetem Obst und anderen zwar getreidefreien, aber zuckerhaltigen Komponenten. Für Pferde mit der Typ-1-PSSM sollte die Summe der verdaulichen Kohlenhydrate auch bei Krippenfutter zehn bis zwölf Prozent gesamt nicht überschreiten. Für die Typ-2-Myopathien werden moderate Anteile von 17 bis 30 Prozent empfohlen, wenn es auch keine Nachteile bringt, sich an engere Grenzwerte zu halten.

Cobs und Pellets aus geschnittenem und gepresstem oder direkt als Strukturfutter abgepackten Gras- und Grasprodukten bieten einen von Natur aus zucker-, aber auch energiearmen Krippenfutter-Ersatz. In größeren Mengen sind diese Produkte auch zum Auffüttern in der Rekonvaleszenz geeignet. Der Energiegehalt liegt ähnlich dem von Heu bei um die sieben Megajoule pro Kilogramm. Der Proteingehalt variiert je nach Schnittzeitpunkt zwischen ca. 40 und 80 Gramm dünndarmverdaulichem Rohprotein pro Kilogramm. Dabei ist es wichtig, darauf zu achten, dass das Produkt nicht, um die Geschmacksakzeptanz beim Pferd zu erhöhen, zusätzlich melassiert ist.

Beliebt in der Pferdefütterung und gern genutzter Kraftfutter-Ersatz sind Leguminosen. Zu diesen proteinreichen Hülsenfrüchtlern gehören Pflanzen wie Erbsen, Bohnen, Klee, Luzerne, Wicken, Soja und Esparsette.

Luzerne kann in Form von relativ nährstoffarmen Häckseln, Pellets oder als ganzes Heu mit hohem Strukturwert eingesetzt werden. Mit rund fünf Prozent ist sie ausgesprochen zuckerarm und bietet mit sechs Megajoule pro Kilogramm einen moderaten Energiewert. Dabei hat Luzerne einen sehr hohen Proteinanteil (um die 100 Gramm dünndarmverdauliches Rohprotein pro Kilogramm), enthält besonders viel Lysin (eine Aminosäure) und ist überdurchschnittlich reich an Mineralien und Spurenelementen. Ihr hoher Calciumanteil muss allerdings mittels ausreichend zusätzlichem Phosphor für die Aufrechterhaltung eines gesunden Calcium-Phosphor-Verhältnisses balanciert werden und kann für den Einsatz bei Pferden mit RER/Px ein Ausschlusskriterium sein. Eine erhöhte Calciumzufuhr könnte sich hier negativ auswirken auf die bereits generell gestörte Calciumverteilung der Muskulatur. Bestätigende Studien stehen allerdings dazu noch aus. Die Luzerne steht zudem in der Kri-

Der Marktanteil der stärke- und zuckerreduzierten Futtermittel hat sich in den letzten Jahren stark vergrößert. Aber Vorsicht, lange nicht alle Produkte sind bei PSSM geeignet.
(Foto: Shutterstock / Sari ONeal)

tik, durch ebenfalls in der Pflanze enthaltene Phytinsäure als „Anti-Nährstoff" die Aufnahme von Mineralien zu erschweren. Der recht hohe Gehalt an Pflanzenhormonen (Isoflavone) wird ebenfalls kritisch gesehen. Phytohormone stehen im Verdacht, nachhaltige und unerwünschte Auswirkungen auch auf den Hormonhaushalt von Tieren zu haben.

Esparsette ist ebenfalls zucker- und energiearm (ca. sechs Megajoule pro Kilogramm), dabei aber proteinreich (um die 80 Gramm dünndarmverdauliches Rohprotein pro Kilogramm). Sie enthält allerdings auch einen hohen Anteil an Gerbstoffen, sogenannten Tanninen. Auch diese gelten als Anti-Nährstoffe, die die Aufnahme anderer Nährstoffe behindern sollen. Aussagekräftige Studien an Pferden gibt es dazu leider nicht. Tannine wohnen aber auch positive Eigenschaften inne wie ihre stopfende Wirkung, die sie bei Durchfallerkrankungen geeignet machen.

Ein strittiges Thema in der Pferdefütterung ist Soja. Diese Leguminose punktet mit wenig Zucker und dem vor allem für Pferde mit einem erhöhten Eiweißbedarf sehr interessanten hohen Gehalt an Protein bei einem guten Aminosäuren-Spektrum. Gegen eine Fütterung spricht der Anteil an Phytohormonen (Isoflavone), ein verstärktes Allergiepotenzial sowie der hohe Gehalt an Phytinsäure, der nur durch Fermentation oder Keimung gesenkt werden könnte.

Grundsätzlich gilt: Ein Eiweiß-Ausgleich kann nötig sein, sollte aber nicht pauschal erfolgen. Gemessen am individuellen Bedarf des jeweiligen Tieres und bilanziert mit dem Proteingehalt des Grundfutters, lässt sich bestimmen, ob und wie viel aufgewertet werden muss.

Entgegen dem Namen handelt es sich beim Grünhafer nicht um Kraftfutter in Getreideform, sondern um Strukturfutter. Die ganze Haferpflanze wird kurz nach der Blüte geerntet, noch bevor die Stärke in die Fruchtkörper eingelagert wird, und als Heu, Häcksel oder pelletiert angeboten. Während der Zuckergehalt recht konstant unter zehn Prozent bleibt, schwankt die enthaltene Stärkemenge extrem mit dem Erntejahr. Analysewerte der jeweiligen im Verkauf befindlichen Charge sollten daher genau betrachtet und darüber die Eignung für PSSM-Pferde überprüft werden. Grundsätzlich ist Grünhafer ein naturnahes und vitalstoffreiches Futter. Moderat im Energiewert (um die sechs Megajoule pro Kilogramm), ist auch das dünndarmverdauliche Rohprotein mit 40 bis 50 Gramm pro Kilogramm eher im niedrigen Bereich und ideal, wenn eine Ration nur wenig gehaltvolles Beifutter benötigt.

Sehr energiereich sind entzuckerte Rübenschnitzel mit zehn bis zwölf Megajoule pro Kilogramm, dabei ohne Stärke und durchschnittlich nur vier bis acht Prozent nativem Zuckergehalt. Sie liefern langsam aufgenommene Energie, haben einen moderaten Proteingehalt und wirken präbiotisch. Das reichlich enthaltene Pektin, eine kohlenhydratähnliche Faserart, wirkt sich positiv auf die Funktion der Darmflora aus. Viele Hersteller bieten diese Produkte auch in einer schnell weichenden Flakes-Form an.

Besonders umfangreich ist der Markt der getreidefreien Mischfutter. Da jeder Hersteller sehr unterschiedliche Grundstoffe nutzt, ist die ernährungsphysiologische Beurteilung ohne einen genauen Blick auf die Zusammensetzung kaum möglich. Allein die Beschreibung des Produktes ist vielfach wenig zielführend, da Formulierungen wie „zuckerarm" oder „getreidefrei" eine Eignung bei PSSM nicht sicherstellen können.

Genutzt werden zuckerarme Bestandteile wie beispielsweise Graskonserven, Ölsaaten/Ölkuchen, Grünhafer, Luzerne- oder Strohhäcksel. Auch Obsttrester, Reiskleie und Kräuter werden häufig zur besseren Akzeptanz eingesetzt. Minderwertige Komponenten ohne großen Futterwert wie Spelzen oder Schalen sollten möglichst wenig oder gar nicht enthalten sein. Der individuelle Energie- und Proteingehalt ist der jeweiligen Deklaration zu entnehmen. Der Gehalt an Kohlenhydraten sollte ebenso vollständig ausgewiesen sein, um die tatsächliche Eignung des Futters überprüfen zu können. Unserer Erfahrung nach hält der Markt nur wenige vertretbare Futtermittel parat, die gleichermaßen als artgerecht sowie auch hochwertig zusammengesetzt bezeichnet werden können.

Die vielfach von Herstellern als Mehrwert angepriesene Vormineralisierung von Krippenfutter schafft unserer Meinung nach oft mehr Probleme, als sie Gutes tut. Die Mineralversorgung sollte immer auf das Individuum abgestimmt und losgelöst vom Krippenfutter stattfinden.

MINERALSTOFFE, SPURENELEMENTE UND VITAMINE

Die wohl am häufigsten gestellte Frage, nicht nur bei Pferden mit PSSM, ist die nach der passenden Mineralversorgung. Diese sollte im Idealfall bilanziert werden und damit auf den Bedarf des Pferdes sowie den bereits nativ durch das Grundfutter gedeckten Anteil abgestimmt werden. Eine Heuanalyse gibt Aufschluss. Denn nur was wirklich fehlt, sollte man ergänzend zuführen.

Im Überblick

Mineralien (Maßeinheit g)	Kalium Calcium Phosphor Magnesium Natrium Chlorid Schwefel
Spurenelemente (Maßeinheit mg)	Zink Eisen Mangan Jod Selen Kupfer Kobalt
fettlösliche Vitamine	A, D, E, K
wasserlösliche Vitamine	C, B-Komplex

Der Kaliumbedarf wird grundsätzlich überall sicher über das Heu gedeckt. Hier sind eher Überschüsse und daraus folgende Wechselwirkungen zu erwarten. Im Heu liegen auch Calcium, Phosphor und Magnesium immer im bedarfsdeckenden Bereich vor. Zu verbessern ist hier meist das Verhältnis dieser Mengenelemente, weshalb nicht selten Phosphor sowie beträchtliche Mengen Magnesium substituiert werden müssen. Natrium und Chlorid können über einen jodfreien Salzleckstein gedeckt werden bzw. kann man, sollte das Pferd nicht selbstständig ausreichend Salz aufnehmen, dem Krippenfutter Speisesalz ohne Zusätze wie Fluor oder Jod zuführen. Auch der Schwefelbedarf ist nur in seltenen

Fällen nicht gedeckt. Beim Koppelgang sind hier grundsätzlich durch den ausreichenden Schwefelgehalt von Gras keine Engpässe zu befürchten.

Bei einer reinen Heufütterung finden sich die meisten Versorgungsmängel bei den Spurenelementen Zink, Kupfer, Selen, Eisen, Mangan, Jod und Kobalt.

Während hier meist sogar ein deutlicher Eisenüberschuss vorliegt, sind Zink, Kupfer, Jod und Selen nur äußerst selten ausreichend in Heu vorhanden. Das native Vorkommen von Mangan unterliegt, je nach Region, in der das Heu geerntet wird, hohen Schwankungen, sodass es auch hier allein durch die Heufütterung sowohl zu einem Überschuss kommen kann als auch dazu, dass eine Beifütterung notwendig wird, weil nicht genug Mangan im Grundfutter enthalten ist. Das Spurenelement Mangan als Co-Enzym verschiedenster Stoffwechselvorgänge rückt erst langsam in den Blickpunkt. Die Relevanz für das Immunsystem, den Schutz vor oxidativem Stress und der Nerven- und Muskelzellen machen eine ausreichende Versorgung nicht nur bei PSSM-Pferden unumgänglich. Die Referenzwerte im Blut werden aktuell von verschiedenen Laboren bereits nach oben angepasst. Nach unserer Erfahrung liegen diese Referenzwerte dennoch weiterhin unter dem, was anzustreben wäre. Oft beobachten wir bei PSSM-Pferden im Blutbild niedrige Mangan-Level trotz scheinbar bedarfsdeckender Versorgung. Ein klarer Zusammenhang ist derzeit noch nicht geklärt.

Selen hält ebenso eine Schlüsselrolle für Muskulatur und Immunsystem inne, allerdings gilt hier besondere Vorsicht vor pauschaler Überversorgung. Die individuelle Versorgung über das Grundfutter sollte vor Festlegung der täglichen zusätzlichen Zufuhr unbedingt geklärt sein. Selen-Überversorgung kann zu chronischen Vergiftungen mit Symptomen von Ausschuhen bis zum Tod führen.

Bei den Vitaminen unterscheidet man zwischen den fettlöslichen Vitaminen A, D, E und K sowie den wasserlöslichen Vitaminen aus dem B-Komplex und Vitamin C.

Während es bei den fettlöslichen Vitaminen zu einer Überversorgung kommen kann, da diese gespeichert werden, ist der Körper in Hinblick auf eine Überversorgung mit wasserlöslichen Vitaminen verhältnismäßig ungefährdet. Diese werden teilweise auch von einer gesunden Darmflora ausreichend selbst synthetisiert. Hochdosierte B-Vitamine können eine ausgleichende Wirkung auf die oft explosiv reagierenden RER/Px-Pferde haben.

Vitamin E ist als Antioxidans und Radikalenfänger essenziell wichtig für die Funktion der Skelettmuskulatur und wird im Bedarf bei PSSM-Pferden deutlich höher angesetzt. Die native Deckung kann selbst bei einer reinen Weidehaltung unzureichend sein. Fettreiche Rationen bedingen ebenso eine notwendige Erhöhung der Tagesdosis. Bei Unsicherheiten in Hinblick auf den aktuellen Versorgungsstatus hilft die Bestimmung im Blutserum.

Pauschale Mineralzusätze enthalten eine dem Hersteller überlassene Dosierung der einzelnen Komponenten. Deshalb zeigen nach unserer Erfahrung viele Pferde trotz der pauschalen Mineralstoff-Zufütterung verschiedenste Anzeichen einer Fehl- oder Überversorgung und/oder einer gleichzeitig möglichen Mangelversorgung. Will man bedarfsgerecht und abgestimmt füttern, bleiben Heuanalysewerte die Grundlage zur Aus-

Fertigfutter versprechen eine allseits passende und bedarfsgerechte Versorgung. Die Realität sieht allerdings oft anders aus.

(Foto: Shutterstock / Miriam Doerr, Martin Frommherz)

wahl eines passenden Produktes. Einen guten Ansatz bilden auch personalisierte Mineralzusätze, die speziell berechnet und dann angefertigt werden. Verwirrung herrscht im Zusammenhang mit der Mineralversorgung oft über Termini wie nativ, synthetisch, organisch und anorganisch.

Nativ enthalten bedeutet, dass ein Futtermittel selbst einen bestimmten natürlichen Gehalt an Vitaminen, Mineralien und Spurenelementen hat, die genutzt werden. Chelate haben als organische Verbindungen eine hohe Bioverfügbarkeit – höher als bei anorganischen Verbindungen wie z. B. Oxiden. Industriell hergestellt sind aber beide Formen, was nicht eines pauschal schlecht und das andere gut macht. Selbst in der Natur kommen beide Formen vor. Im Falle von Magnesium gilt die Fütterung von anteilig organischen und anorganischen Quellen als ideal. Auch bei Vitaminen findet sich eine Vielzahl von günstigen synthetischen Formen. Besonders relevant für PSSM ist hier die geeignete Vitamin-E-Versorgung, welche im Idealfall über das natürliche RRR-alpha-Tocopherol erfolgt, da Äquivalente eine deutlich geringere Bioverfügbarkeit aufweisen. Weidegras ist ein natürlicher Lieferant von Vitamin E.

Einige Anbieter propagieren sogenannte natürliche Mineralfutter, die aus verschiedenen Komponenten wie Algen, Hanf, Kräutern oder Superfoods bestehen und eine native Versorgung mit den essenziellen Vitaminen, Mineralstoffen und Spurenelementen versprechen. Die Analysewerte zeigen aber deutlich, dass hier nicht mit einem ausreichenden Gehalt im Bereich der Spurenelemente zu rechnen ist. Die native Deckung der typischen Versorgungsdefizite mit solchen Produkten ist daher unserer Erfahrung nach wenig erfolgversprechend.

WAS ES SONST NOCH GIBT

Kleie als eigentliches Abfallprodukt aus der Getreideproduktion enthält vermahlene Schalen, Spelze und Reste von Mehl des Getreidekorns und damit viele nutritiv wertvolle Inhaltsstoffe. Mit einem Kohlenhydratgehalt von um die 15 Prozent ist z. B. die Weizenkleie für Typ-1-Pferde nur in minimalen Mengen zu nutzen. Die energiereiche und niederglykämische Reis(schalen)kleie ist je nach Produkt mit elf bis über 30 Prozent Kohlenhydraten ebenso für Typ-1-Pferde nicht geeignet, kann allerdings in moderaten Mengen bei anderen Myopathien eine gute Option mit einem hohen Energie- und Fettgehalt darstellen.

Öle sind zum einen mit rund vier Megajoule pro 100 Milliliter Energielieferant ganz ohne Kohlenhydrate und Proteine, zum anderen eine wichtige Quelle von essenziellen Fettsäuren und Antioxidantien. Vor allem die mehrfach ungesättigten Fettsäuren Omega 3 und 6 spielen eine essenzielle Rolle und sind bei einer getreidefreien Fütterung oft nicht ausreichend gedeckt. Durch die fehlende Gallenblase sollten Pferde allerdings sehr langsam an größere Ölmengen gewöhnt werden. Als ideal angesehen werden z. B. Lein- und Hanföl.

Ölsaaten bzw. Ölkuchen bieten einige Vorteile gegenüber der Ölfütterung, denn setzt man ganze Saaten wie Leinsamen, Leindotter oder Hanf ein, wird die Ration nicht nur in Hinblick auf die Omega-Fettsäuren aufgewertet, sondern erhält zusätzlich hohe Mengen an Protein und Aminosäuren bei gleichzeitig geringem Zuckergehalt. Zur besseren Aufnahme sollten Ölsaaten geschrotet werden oder man greift auf Presskuchen zurück. In Maßen eingesetzt werden können auch Chia, Sesam und Sonnenblumenkerne.

Für die gezielte Zufuhr einzelner Aminosäuren hält der Markt sogenannte Aminosäuren-Ergänzer bereit. Diese sind entweder nativ reich an Aminosäuren durch den Einsatz von Algen, Soja oder Ölkuchen oder sie enthalten extrahierte Isolate von z. B. Lysin, Methionin und Threonin. Was bei Typ-1-Pferden unter normalen Bedingungen entbehrlich ist, kann bei proteinarmem Heu in Verbindung mit einem speziellen Mehrbedarf bestimmter Myopathie-Formen durchaus sinnvoll sein.

Bierhefe ist reich an Eiweiß und weist zudem einen hohen Gehalt an B-Vitaminen auf. Der verhältnismäßig hohe Gehalt an Purinen kann eine Nutzung bei bestehenden Nierenleiden ausschließen, da diese organischen Verbindungen über die Niere als Harnsäure abgebaut werden.

Kräuter werden Krippenfuttern häufig nur für eine besser Akzeptanz zugesetzt, da die typischen Gehalte von ein bis zwei Prozent keine therapeutische Wirkung entfalten oder den Mineralstoff- und Spurenelementgehalt nachhaltig beeinflussen können. Therapeutischer Einsatz sollte ausschließlich nach Diagnose und Indikation über Heilkräuter erfolgen.

Zwölf Mythen rund um PSSM

Mein Pferd ist nur Genträger, PSSM ist nicht ausgebrochen!

Falsch. PSSM ist ein autosomal-dominanter Gendefekt, was heißt, dass es nicht wie bei rezessiven Erbgängen reine Trägertiere gibt und auch Einzelgenträger Symptome entwickeln können. Das Pferd ist mit einer veränderten Zuckerspeicherung geboren und wird diese zeitlebens haben. Der klinische Zustand eines PSSM-Pferdes ist aber abhängig von der aktuellen Haltung und Fütterung, also in beide Richtungen reversibel. Ein symptomatisches Pferd kann durch gutes Management völlig unauffällig werden. Doch auch ein gut eingestelltes Pferd kann leider wieder symptomatisch werden unter schlechten Bedingungen. Zudem ist eine Genmutation immer als Prädisposition für klinische Probleme zu sehen. Ob und wie auffällig das individuelle Tier wird, hängt von mehr Faktoren als nur der Genetik ab.

Deshalb müsste es richtig lauten: Mein Pferd ist Einzel- bzw. Doppelgenträger, zeigt aber aktuelle keine Symptome.

Pferde mit PSSM dürfen kein Getreide fressen!

Richtig, aber nur die halbe Wahrheit. Bei der Fütterung von Pferden mit PSSM ist auf alle Kohlenhydrate zu achten. Hierzu zählen die verschiedenen Zuckerarten wie Einfachzucker (Monosaccharide), Zweifachzucker (Disaccharide) und auch Mehrfachzucker (Polysaccharide) wie Stärke. Diese besteht aus vielen aneinandergereihten Zuckermolekülen. Getreide ist bei PSSM nicht geeignet, da es zwar moderat Zucker, aber eben auch sehr viel Stärke enthält. Ebenso sollten aber auch getreidefreie Futtermittel nicht zu viele Kohlenhydrate enthalten. Für Pferde mit Typ-1-PSSM wird empfohlen, in der Gesamtmenge einen NFC von zehn bis maximal zwölf Prozent nicht zu überschreiten. Auch bei anderen Myopathien ist eine kohlenhydratarme und teilweise fettreiche Fütterung indiziert, wenngleich keine so engen Grenzwerte zu beachten sind.

Besser sagt man also: Pferde mit PSSM sollten möglichst wenig kohlenhydrathaltige Futtermittel auf ihrem Speiseplan haben. Getreide hat durch den hohen Stärkeanteil sehr viele Kohlenhydrate und sollte daher bei Myopathien generell eher nicht gefüttert werden.

Luzerne ist ebenso zu vermeiden bei PSSM!

Nicht grundsätzlich richtig. Die sehr zuckerarme und proteinreiche Leguminose ist ein Klassiker in der Pferdefütterung und scheint auf den ersten Blick absolut ideal für PSSMler. Sie hat aber eben nicht nur Vorteile. Zum einen ist ihr hoher Calciumgehalt möglicherweise bei der Rationsgestaltung von Pferden mit RER/Px problematisch, da sie, je nach Gehalt des Grundfutters, für einen ungewollten Überschuss sorgen könnte. Auch der vergleichbar hohe Anteil an Phytohormonen (Pflanzenhormonen) kann sich nachteilig auswirken, sodass individuell entschieden werden muss, ob Luzerne eingesetzt werden kann. Es gibt allerdings auch Pferde, die Luzerne generell nicht vertragen. Die genauen Gründe dafür sind bisher unklar. Als ein Ansatz wird die enthaltene Phytinsäure diskutiert. Klare Studien zu diesem Thema gibt es aktuell nicht.

Deshalb könnte es heißen: Luzerne kann je nach Fall möglicherweise trotz ihres geringen Zucker- und hohen Proteingehaltes nicht eingesetzt werden.

PSSM-Pferde muss man jeden Tag reiten!

Falsch. Es kommt immer auf die Haltungsform des jeweiligen Tieres an. Wer in Boxenhaltung steht und nur tagsüber auf Paddock oder Koppel kommt, ist weiterhin zehn bis 14 Stunden oder sogar länger eingesperrt, braucht also ein angepasstes und ausgleichendes Bewegungsprogramm. Pferde, die in einem Aktivstall oder Paddocktrail stehen und dort im Idealfall eine aktive Herde haben, legen täglich viele Kilometer im Freilauf zurück und müssen nicht zusätzlich täglich trainiert werden. Ausreichend Pausen zur Regeneration sind auch für PSSM-Pferde wichtig. Wie intensiv zusätzlich gearbeitet werden muss, bleibt also individuell.

Besser formuliert wäre: PSSM-Pferde brauchen täglich ausreichend Bewegung. Diese muss aber nicht automatisch über das Training erfolgen.

Bestimmte Rassen wie z. B. das American Quarter Horse wurden bereits auf mehrere erblich bedingte Myopathien positiv getestet. (Foto: Shutterstock / Nicole Ciscato)

Ein Pferd, welches PSSM1 hat, kann keine weitere Myopathie haben!

Falsch. Leider kann ein Pferd sowohl die GYS1-Mutation in sich tragen als auch gleichzeitig positiv getestet werden auf weitere Myopathien. In der Auswertung der Gentestung über Equiseq/CAG zeigen sich diverse Träger verschiedenster Kombinationen von Gendefekten, die mit Myopathien wie MFM und RER assoziiert werden.

Deshalb lautet es korrekt: Ein Pferd kann sowohl PSSM Typ 1 als auch gleichzeitig weitere Myopathien haben.

Doppelgenträger sind immer symptomatischer als Einzelgenträger!

Falsch. In der Praxis treffen wir sowohl hochsymptomatische Einzelgenträger als auch fast symptomfreie Doppelgenträger. Jeder Fall ist individuell zu sehen und in einem hohen Maße abhängig von Haltung und Fütterung. Zu stimmen scheint aber: Je mehr Varianten in Kombination bei einem Tier vorliegen, desto früher und stärker zeigen sich Symptome.

Daher könnte man sagen: Wie symptomatisch ein PSSM-Pferd wird, hängt mit deutlich mehr Faktoren zusammen als nur dem reinen Genstatus. Über Fütterung und Haltung kann man bestehende Symptome stark reduzieren.

Koppelgang ist nicht möglich mit PSSM!

Falsch. Vor allem Myopathie-Pferde mit einem erhöhten Eiweißbedarf profitieren meist sogar vom Koppelgang, denn dieser bietet ein natürliches Bewegungsmuster sowie eine zusätzliche protein- und aminosäurenreiche Futterkomponente. Schwierig kann der schwankende Zuckergehalt von Gras im Laufe der verschiedenen Wachstumsperioden vor allem für Typ-1-Pferde werden. Es kommt bei der Bewertung des Weidegangs also immer auf Faktoren wie die Jahreszeit, den Aufwuchs und den generellen Zustand der Koppel an. Fette Weidelgräser und die üppigen Wachstumsperioden im Frühjahr und Herbst können auch für Pferde ohne Myopathie gefährlich werden. Es sollte sich daher an Weidegang langsam herangetastet werden. Abgeblühte Gräser und überständige Flächen sind zu bevorzugen.

Korrekt ist daher: Zeitlich angepasster Koppelgang auf geeigneten Flächen wird nur in Ausnahmefällen von PSSM-Pferden gar nicht vertragen. Abgeblühte Weiden sorgen für die geringste Gefahr.

Mit PSSM muss es immer Offenstallhaltung sein!

Falsch. Ohne Frage ist ausreichend Zeit im Freilauf essenziell für Pferde mit PSSM. Aber zu wenige Offenställe haben ein gutes Konzept, genug Platz, ausreichend Fressstellen, eine harmonische Herdenzusammenstellung - eben alles, was ein möglichst artgerechtes, stressfreies Herdenleben möglich macht. Zudem ist nicht jedes Pferd geeignet für ein Leben im Offenstall. In einer ungeeigneten Laufhaltung ist der Stress eventuell enorm und kann so Trigger für Schübe werden. Wieder entscheidet hier der individuelle Fall, welche Haltungsform die beste für das jeweilige Tier ist.

Daher: Eine Offenstallhaltung stellt nicht um jeden Preis die ideale Alternative für PSSMler dar, auch wenn eine Laufhaltung zu favorisieren ist.

Ein Pferd mit PSSM braucht immer Aminosäuren, Vitamin E, Mangan und Magnesium!

Falsch ausgedrückt. Jedes Pferd benötigt eine bedarfsdeckende Versorgung mit ausreichend Energie, Protein, Aminosäuren, den essenziellen Vitaminen, Mineralien und Spurenelementen. Tiere mit einer (angeborenen) Myopathie haben einen partiellen Sonderbedarf. Der Fokus liegt vor allem auf allen muskelwirksamen Komponenten. Aufbauend auf die Grundfütterung und den aktuellen Blutstatus wird bestimmt, welche Komponenten zusätzlich in welcher Höhe substituiert werden müssen. Ein erfahrener Futterberater hilft hier mit einer professionellen Abstimmung und Bilanzierung.

Besser: Angepasst an die Grundversorgung kann es sein, dass verschiedene Komponenten trotz fertiger Mineralzusätze nicht ausreichend hoch dosiert sind und in dem Fall angemessen zusätzlich zugeführt werden müssen. Was und wie viel, gilt es individuell anzupassen.

PSSM ist eine Modeerscheinung, früher gab's das nicht!

Falsch. PSSM existiert wahrscheinlich bereits rund 1.200 Jahre, und spätestens seit Pferde domestiziert und mit Getreide gefüttert werden, kennt man Beschreibungen von Muskelerkrankungen. Früher wurden z. B. Kreuzverschläge am freien Montag bei Arbeitspferden häufig beobachtet, nur wurde dies damals nicht mit einer möglichen genetischen Prädisposition verknüpft. Zudem wurden Arbeitspferde schneller aussortiert oder Leistungspferde aus dem Sport genommen, wenn sie grob auffällig wurden. Manche galten einfach als gemeinhin schwierig, faul oder unrittig. Was früher ein Vorteil für Pferde in freier Wildbahn war, ist in der modernen Pferdehaltung auf eingeschränkten Flächen mit oft zu zucker- und energiereicher Fütterung bei ungleich intensiverer Nutzung ein Risikofaktor.
Man sollte sagen: PSSM ist zwar kein Todesurteil für das Tier selbst, sollte aber ernst genommen werden, da es eine angepasste Fütterung und Haltung benötigt, um es möglichst symptomfrei zu halten.

Ein Pferd mit PSSM muss Öl bekommen!

Falsch. Das wäre ungefähr so pauschal wie der allgemeine Rat zur Getreidefütterung. Öl ist Energielieferant ganz ohne Kohlenhydrate und liefert zudem wichtige Fettsäuren. Weder ist aber grundsätzlich zusätzliche Energie nötig, noch das Omega-Fettsäuren-Verhältnis pauschal auszugleichen. Zudem kann sich je nach Fall der Einsatz von Ölsaaten bzw. Ölkuchen als sinnvoller erweisen. Bei manchen Myopathieformen wird sogar vermutet, dass eine Ölfütterung gegenteilige Effekte haben könnte wegen der negativen Auswirkungen auf die oxidative Abwehr und somit die Muskelfunktion.
Passender hieße es also: Öl kann eine wichtige und wertvolle Komponente einer angepassten Ration sein.

PSSMler sollten Heu grundsätzlich immer ad libitum (zur freien Verfügung) haben!

Falsch. So individuell wie der Energiebedarf eines jeden Tieres ist, so unterschiedlich kann der Energiegehalt von Raufutter sein. Nur wenn bei freiem Zugang zu Heu sichergestellt werden kann, dass nicht mehr Energie aufgenommen wird, als das Pferd tatsächlich benötigt, ist eine Ad-libitum-Fütterung möglich und sinnvoll. Eine Heuanalyse sollte zur Bestimmung der notwendigen Parameter herangezogen werden. Ein weiterer Faktor für die Auswahl des Raufutters ist der Zuckergehalt, der Restriktionen nötig machen kann.
Alternativ sollte man sagen: Nur wenn es die Futter- und Zuckerwerte des Heus in Verbindung mit dem Bedarf des Tieres erlauben, ist eine Ad-libitum-Fütterung die anzustrebende Methode. Wie ab Seite 102 erläutert, bekommt man durch eine Heuanalyse einen deutlich besseren Einblick, wie gut Heu geeignet ist und wie sehr wir die Zufuhr gegebenenfalls durch bestimmte restriktive Maßnahmen beeinflussen müssen.

ZU GUTER LETZT

Abschließende Gedanken

Auch wenn die PSSM Typ 1 mittlerweile schon gut erforscht ist, sind noch nicht alle Fragen abschließend geklärt. Eine dieser Fragen ist beispielsweise, warum sich die GYS1-Mutation in verschiedenen Rassen so unterschiedlich bemerkbar macht. Vieles lässt sich tatsächlich über das Management erklären – jedoch nicht alles. Es gibt also noch Punkte, die heute noch nicht geklärt sind. Gibt es möglicherweise weitere Gene, die in unterschiedlichen Rassen unterschiedlich aktiv sind und sich so eventuell schützend auswirken – sogenannte protektive Gene? Welche Rolle nimmt die Epigenetik wirklich ein? Hierzu gibt es noch keine Forschungen in Bezug auf die PSSM. Und welchen Einfluss haben weitere Erkrankungen auf die Pathogenität der PSSM, wie etwa das zusätzliche Vorliegen der Equinen Malignen Hyperthermie (EMH)? Von dieser Erkrankung wissen wir mittlerweile, dass sie die Symptomatik der PSSM verstärken kann. Und welche Rolle spielen wirklich die unterschiedlichen Anteile der Muskelfasertypen in den verschiedenen Rassen in Bezug auf die PSSM? Wir sind sehr froh, dass es sich mittlerweile auch viele Zuchtverbände zur Aufgabe gemacht haben, Untersuchungen zu beauftragen, um die Auswirkungen dieser Genvariante auf die jeweilige Rasse zu erforschen. Es bleibt in jedem Fall spannend.

Wir hoffen, dass es uns mit diesem Buch gelungen ist, die Genmutation und die PSSM anschaulich zu erklären, und unser Wunsch in Erfüllung geht, betroffenen Pferdehaltern Mut zu machen und ihnen die Angst vor der PSSM zu nehmen. Denn durch entsprechendes Management können viele Pferde ohne größere Probleme mit dieser erblichen Erkrankung leben.

Dennoch dürfen wir nicht verschweigen, dass es auch bei der PSSM Typ 1 Fälle mit sehr schweren Verläufen gibt, bei denen trotz aller Bemühungen keine Verbesserung erzielt werden kann. Wenn sich die Erkrankung derart klinisch manifestiert, erhebliches Leid für die Pferde damit verbunden ist und diese nicht mehr in der Lage sind, ihren natürlichen und artspezifischen Bedürfnissen nachzukommen, sollte eine Euthanasie

(Foto: Shutterstock / Rita Kochmarjova)

in Betracht gezogen werden. Ist ein schmerzfreies Leben nicht zu ermöglichen, müssen wir im Sinne des Tierwohls und des Tierschutzes handeln. Das Tierschutzgesetz besagt, dass es verboten ist, einem Tier Leid zuzufügen. Dazu zählt auch, Schmerzen und Leid zu ignorieren, zu dulden oder gar zu verlängern. Glücklicherweise sind diese Fälle nicht sehr häufig. Den meisten Pferden kann geholfen werden, auch mit der Genmutation ein unbeschwertes und bewegungsfreudiges Leben zu führen. Wir als ihre Menschen sollten uns verpflichtet fühlen, ihnen das zu ermöglichen. Durch Bildung, durch Empathie, durch verantwortungsvolle Zuchtentscheidungen, eine artgerechte Haltung und Fütterung und ein pferdegerechtes Training – und vor allem durch die Rückbesinnung auf die Natur des Pferdes statt der Verfolgung von Zielen, die zulasten der Pferde gehen. Jeder einzelne Pferdehalter kann einen Unterschied im Sinne der Pferde machen. Lassen Sie uns das gemeinsam tun! Oder um es mit den Worten von Johann Wolfgang von Goethe zu sagen: „Es ist nicht genug zu wissen, man muss es auch anwenden."

Danksagung

Wir möchten uns bei allen Pferden und Menschen bedanken, die uns dazu veranlasst und ermutigt haben, dieses Buch zu schreiben. Im Laufe der Jahre sind uns viele zwei- und vierbeinige Lehrmeister begegnet, die den Grundstein für diese Arbeit gelegt haben. Auch dafür sind wir sehr dankbar.

Unser Dank gilt auch denen, die uns bei diesem Buch mit ihrem Wissen und Unterlagen unterstützt haben. Allen voran ist hier zu nennen: Dr. Stephanie Valberg, die uns mit neuesten Publikationen und Grafiken versorgt hat. Jeder, den wir im Verlauf dieses Buchprojekts um Unterstützung und Rat gebeten haben, hat uns sofort geholfen. Hier möchten wir explizit Danke sagen an die LKS, die LUFA Nord-West, die Deutsche Gesellschaft für Ernährung und vor allem Laboklin, deren Untersuchungs- und Analyseergebnisse wir in unserem Buch abdrucken dürfen. Vielen Dank an Dr. Stefanie Müller-Herbst für ihren Support, ihr Vorwort und ihr inhaltliches Feedback. Auch bedanken wir uns bei Dr. Peter Richterich für den wertvollen Austausch beim Abschnitt zur Diagnostik. Und selbstverständlich gilt unser Dank auch unseren „Testlesern" Alex, Bernd und Helena, die sich durch die Rohfassung des Manuskriptes quälen mussten und uns unermüdlich mit Feedback versorgt haben. Vielen Dank auch an alle, die uns mit Fotos unterstützt haben. Vor allem Danke an die Pferde, die dazu Modell standen.

Wir danken dem Cadmos Verlag für den Mut, ein doch recht spezielles Buch herauszugeben und vor allem Danke an unsere Lektorin Agnes Trosse, die das Projekt von Anfang bis Ende betreut hat.

(Foto: Shutterstock / Rita Kochmarjova)

Tinas größter Dank gilt darüber hinaus ihrem Zaubermann und ihrem Pferd Cheyenne: Mein Mann hat es wie immer mit großer Geduld ertragen und mich wundervoll unterstützt, wenn ich stundenlang vorm Rechner saß und noch weniger Zeit als sonst schon hatte. Und ohne meinen Cheyenne, meinen strengsten Lehrmeister, wäre ich heute sicher nicht die, die ich nun bin.

Unser erstes Buch halten wir nun in unseren Händen! Wir sind sehr glücklich und auch stolz. Danke an alle, die das möglich gemacht haben – auch wenn sie hier möglicherweise nicht explizit erwähnt sind. Wir wissen jeden einzelnen Beitrag sehr zu schätzen. Um es mit Aristoteles zu sagen: „Das Ganze ist mehr als die Summe seiner Teile" – so auch beim Entstehen dieses Buches.

Weiterführende Literatur und Quellenangaben

Abel, Thomas: Kraftwerk Zelle / Der Muskelstoffwechsel und Mechanismen der Bereitstellung von Energie. Aktuelle Ernährungsmedizin 2016, 41 (S01): S2-S5, Thieme Verlag, 2016

Baird, J. D. / Valberg, Stephanie J. et al.: Presence of the Glycogen Synthase 1 (GYS1) Mutation Causing Type 1 Polysaccharide Storage Myopathy in Continental European Draught Horse Breeds. Veterinary Record, 167 (20): 781-784, 2010

Bünger, Frederic: Histomorphometrische Befunde am M. gluteus medius von Pferden ausgewählter deutscher Warmblutrassen - Selektionskriterium für die sportliche Veranlagung? Veterinärmedizinische Fakultät Universität Leipzig, 1999, https://ul.qucosa.de/api/qucosa%3A10875/attachment/ATT-0/

Bundesanstalt für Landwirtschaft und Ernährung: Einheimische Nutztierrassen in Deutschland und Rote Liste gefährdeter Nutztierrassen 2021. BLE, 2021

Bundesministerium für Ernährung und Landwirtschaft: Leitfaden zur Kennzeichnung von Einzelfuttermittel und Mischfuttermitteln. 3. Aufl., BMEL/BVL, 2021

Coenen, Manfred / Vervuert, Ingrid: Pferdefütterung. 6. Aufl., Thieme Verlag, 2020

De La Corte, F. D./ Valberg, Stephanie J. et al.: Blood glucose clearance after feeding and exercise in polysaccharide storage myopathy. Equine Veterinary Journal, 31 (S30): 324-328, 1999

Deutsche Gesellschaft für Neurologie: Leitlinien für Diagnostik und Therapie in der Neurologie – Diagnostik von Myopathien. 2021, AWMF-Reg.-Nr. 030/115

Deutsche Reiterliche Vereinigung: Grundwissen zur Haltung, Fütterung, Gesundheit und Zucht. 18. Aufl., FN-Verlag, 2017

Dressur-Studien: Pferdehaltung: Zwischen Einzelbox und All you can eat. Dressur-Studien Verlag, Ausg. 03/2020

Druml, Thomas et al.: Diagnose und Prävention des PSSM-Erbfehler-Komplexes in der Zucht österreichischer Noriker und Haflinger. Abschlussbericht zum DaFNE-Projekt – 101053, im Auftrag des Bundesministeriums für Land- und Forstwirtschaft, Umwelt und Wasserwirtschaft, Wien, 2016

Firshman, Anna M./ Valberg, Stephanie J. et al.: Insulin sensitivity in Belgian horses with polysaccharide storage myopathy. American Journal of Veterinary Research, 69 (6): 818-23, 2008

Fritz, Christina / Maleh, Souel: Zivilisationskrankheiten des Pferdes. 2. Aufl., Thieme Verlag, 2020

GfE: Empfehlungen zur Energie- und Nährstoffversorgung von Pferden. DLG Verlag, 2014

Irgang, Kathrin / Lübker, Klaus: Pferdefütterung nach Maß. Cadmos Verlag, 2008

König, Horst Erich / Liebich, Hans-Georg: Anatomie der Haussäugetiere. 5. Aufl., Schattauer, 2012

Masterson, Jim / Reinhold, Stefanie: Körperarbeit für Pferde: Locker, entspannt, gelöst mit der Masterson-Methode. Kosmos Verlag, 2018

McCoy, Annette M. et al.: Evidence of Positive Selection for a Glycogen Synthase (GYS1) Mutation in Domestic Horse Populations. Journal of Heredity, 105 (2): 163-172, 2014, http://doi.org/10.1093/jhered/est075

McCue, Molly E./ Valberg, Stephanie J. et al.: Glycogen synthase 1 mutation causes a novel myopathy in horses. Genomics, 91 (5): 458-466, 2008

McCue, Molly E. / Valberg, Stephanie J. et al.: Glycogen synthase (GYS1) mutation in diverse breeds with Polysaccharide Storage Myopathy. Journal of Veterinary Internal Medicine, 22 (5): 1228-1233, 2008

McCue, Molly E. / Valberg, Stephanie J. et al.: Polysaccharide storage myopathy phenotype in quarter horse-related breeds is modified by the presence of an RYR1 mutation. Neuromuscular Disorders, 19 (1): 37-43, 2009

McCue, Molly E./ Valberg, Stephanie J. et al.: Estimated prevalence of the Type 1 Polysaccharide Storage Myopathy mutation in selected North American and European breeds. Animal Genetics, 41 (S2): 145-149, 2010, https://doi.org/10.1111/j.1365-2052.2010.02124.x https://doi.org/10.1111/j.1365-2052.2010.02124.x

Obst, Katrin: Fitnessstudio für mein Pferd. Kosmos Verlag, 2018

Oey, Lydia: Untersuchungen der Skelettmuskulatur bei Pferden mit chronischen Pneumopathien. Inaugural-Dissertation, Tierärztliche Hochschule Hannover, 2006

Ramann, Gerhold: Gehölzfutter – eine neue Quelle für die ökologische Tierernährung. Institut für ökologischen Landbau der Bundesforschungsanstalt für Landwirtschaft, Trenthorst, 2004

Reiter, Simone: Analyse der genomischen Struktur des Glycogensynthase 1 Gens beim Noriker und Haflinger in Hinblick auf die degenerative Muskelerkrankung PSSM Typ 1. Diplomarbeit, Veterinärmedizinische Universität Wien, 2018

Richter, Tanja: Illusion Pferdeosteopathie. 2. Aufl., Kosmos Verlag, 2015

Richter, Tanja: Manuelle Therapie der Pferdewirbelsäule. 2. Aufl., Sonntag Verlag, 2014

Romanazzi, Tanja et al.: Paddock Trail. 2. Aufl., VerlagsKG Wolf, 2016

Romanazzi, Tanja: Pferdehaltung & Permakultur. Sudden Inspiration Verlag, 2018

Sachs, Sabine: Osteopathie für Pferde. Cadmos Verlag, 2011

Schuldt, Anke / Rinse, Regina: Übung zur Tierernährung im Rahmen des Moduls „Tierernährung und Futtermittelkunde". Hochschule Neubrandenburg, 2010

Schwarz, Bianca et al.: Estimated prevalence of the GYS-1 mutation in healthy Austrian Haflingers. Veterinary Record, 169 (22): 583, 2011, https://doi.org/10.1136/vr.d5438

Spears, Jerry W.: Chromium propionate increases insulin sensitivity in horses following oral and intravenous carbohydrate administration. Journal of Animal Science, 2020, https://doi.org/10.1093/jas/skaa095

Spektrum der Wissenschaft KOMPAKT: DNA – Buchstabencode des Lebens. Spektrum der Wissenschaft Verlagsgesellschaft, Ausg. 39/2019

Spektrum der Wissenschaft KOMPAKT: Das Genom des Menschen. Spektrum der Wissenschaft Verlagsgesellschaft, Ausg. 1/2017

Spektrum der Wissenschaft KOMPAKT: Epigenetik - Wie die Umwelt unser Erbgut beeinflusst. Spektrum der Wissenschaft Verlagsgesellschaft, Ausg. 9/2014

Spektrum der Wissenschaft KOMPAKT: Epigenetik - Prägende Eindrücke im Erbgut. Spektrum der Wissenschaft Verlagsgesellschaft, Ausg. 24/2018

Spektrum der Wissenschaft KOMPAKT: Epigenetik - Der Sprung in die praktische Anwendung. Spektrum der Wissenschaft Verlagsgesellschaft, Ausg. 4/2021

Spork, Peter: Der zweite Code. 7. Aufl., Rowohlt Taschenbuch Verlag, 2021

Stashak, Ted S.: Adam's Lahmheit bei Pferden. 4. Aufl., M.&H. Schaper, 2010

Stiftung Tierärztliche Hochschule Hannover: Pferdegenom entschlüsselt. Pressemitteilung, 2007, https://idw-online.de/de/news195806

Trosse, Agnes: Kein Frust bei Boxenruhe. Cadmos Verlag, 2018

Valberg, Stephanie J. et al.: Absence of myofibrillar myopathy in Quarter Horses with a histopathological diagnosis of type 2 polysaccharide storage myopathy and lack of association with commercial genetic tests. Equine Veterinary Journal, 2022, https://doi.org/10.1111/evj.13574

Valberg, Stephanie J. et al.: Commercial genetic testing for type 2 polysaccharide storage myopathy and myofibrillar myopathy does not correspond to a histopathological diagnosis. Equine Veterinary Journal, 53 (4): 690-700, 2021

Valberg, Stephanie J.: Muscling in on the Cause of Tying-Up. American Association of Equine Practitioners (AAEP), 2012

Wieland-Findeis, Michaela et al.: Bewegungsapparat Pferd. 3. Aufl., Thieme Verlag, 2021

Woollard, Alison / Gilbert, Sophie: Superschlaue Gene. Dorling Kindersley Verlag, 2020

Recherche auf Internetseiten:

College of Veterinary Medicine, Michigan State University: https://cvm.msu.edu/research/faculty-research/comparative-medical-genetics/valberg-laboratory

EquiSeq: http://equiseq.com

Laufstall-Arbeits-Gemeinschaft e.V. für artgerechte Pferdehaltung: https://lag-online.de/

Leatherdale Equine Center, University of Minnesota: https://www.equine.umn.edu/research/equine-genetics-and-genomics-laboratory